一杯神奇的蔬果汁

不胖 / 不病 / 不衰老

李宁 / 北京协和医院营养科副主任医师、副教授

主编 / 全国妇联"心系好儿童"项目专家组成员

U0213600

中国纺织出版社

图书在版编目（CIP）数据

一杯神奇的蔬果汁 / 李宁主编 . —北京：中国纺织出版社，2018.5

ISBN 978-7-5180-4936-3

Ⅰ.①一… Ⅱ.①李… Ⅲ.①蔬菜—饮料—制作 ②果汁饮料—制作 Ⅳ.①TS275.5

中国版本图书馆 CIP 数据核字（2018）第 079338 号

策划编辑：樊雅莉　　　责任印制：王艳丽

中国纺织出版社出版发行
地址：北京市朝阳区百子湾东里 A407 号楼　　邮政编码：100124
销售电话：010 － 67004422　传真：010 － 87155801
http://www.c-textilep.com
E-mail:faxing@c-textilep.com
中国纺织出版社天猫旗舰店
官方微博 http://weibo.com/2119887771
北京通天印刷有限责任公司印刷　各地新华书店经销
2018 年 5 月第 1 版第 1 次印刷
开本：710×1000　1/16　印张：12
字数：151 千字　定价：39.80 元

前　言

　　蔬菜和水果美味、芬芳，营养丰富，是大自然给我们的美好礼物。然而，当下快节奏的生活、日渐加大的工作压力，使很多人不能每天都吃到足够的新鲜蔬菜和水果，无法充分享受大自然的倾情馈赠。那么，如何在忙碌的日子里，不费时、不费力就能品尝到蔬果的营养和美味呢？

　　一个很好的办法就是：您可以买一台榨汁机或豆浆机，用各种蔬菜和水果打制蔬果汁饮用。每天只需要花短短的几分钟时间，就能为自己及家人打造出营养美味的蔬果汁。经常饮用蔬果汁，不仅能保证营养全面，还能排出毒素，净化身体。

　　适当饮用蔬果汁，男女老少都受益。有蔬果汁的呵护，可以使孩子茁壮成长，让女性青春亮丽，让上班族轻松解压，使老年人延年益寿。喝对蔬果汁，充分吸收其精华营养，不仅能够养护身体，还能够帮助调理小病小痛，保持身心健康。

　　本书精心挑选200多款蔬果汁，均由营养专家推荐，分别从美容瘦身、调治小病痛、养护五脏、亚健康调理、四季保养几个方面，为您的健康美丽保驾护航。同时，还为电脑族、熬夜族、吸烟族、饮酒族等特殊人群，送上温馨的蔬果汁配方。

　　本书中的蔬菜和水果，取材都是最常见的，您家门口的水果店、超市就能买到；蔬果汁的配方都是精心研制的，从营养角度调配剂量；制作方法也非常简单，让您一学就会。

　　最后，衷心祝愿您和您的家人，有蔬果汁的陪伴，每天都健康、快乐、美丽，不再感慨生活的匆忙，做一个享受生活的人。

目录

瘦身美容蔬果汁大盘点 10

第一章 蔬果汁基础知识大盘点

蔬果汁对健康有哪些益处 16

破解蔬果中的健康密码：植物营养素 .. 17

不同蔬果颜色蕴藏健康大秘密 18

应季蔬果巧挑选 20

自制蔬果汁有窍门 27

蔬果巧搭配，果汁味更美 29

放些辅料让蔬果汁更好喝 30

6 个让蔬果汁更好喝、更健康的小窍门 .. 31

第二章 一定要拥有的基础款蔬果汁

经典蔬菜汁 34

油菜汁 / 解毒消肿，排除废物 34

生菜汁 / 改善睡眠，瘦身减肥 35

胡萝卜汁 / 预防过敏 36

西蓝花汁 / 预防基因突变，防癌抗癌 ... 37

西芹汁 / 促进骨骼生长 38

番茄汁 / 防癌抗衰 39

玉米汁 / 保护心血管 40

经典水果汁 41

苹果汁 / 缓解便秘 41

葡萄汁 / 补气养血，延缓衰老 42

西瓜汁 / 清热解毒，利尿消肿 43

橙汁 / 提高免疫力 44

草莓汁 / 延缓衰老 45

菠萝汁 / 止腹泻 46

木瓜汁 / 美容润肤 47

经典蔬果混搭 48

苹果莴苣汁 / 排毒瘦身，提高智力 48

葡萄芦笋汁 / 抗氧化，防衰老 49

木瓜油菜汁 / 活血化瘀 49

第三章 喝出好气色

减肥瘦身 ……………… 52
苹果白菜柠檬汁 / 排毒减肥，促进消化 ..53
黄瓜豆浆饮 / 清热利水，消暑减肥……54
生菜豆浆饮 / 增白皮肤，减肥健美……54
菠萝紫甘蓝果汁 / 促进代谢，通便排毒 ..55

美白肌肤 ……………… 56
四白饮 / 美白肌肤，消除淡纹 ………57
黄瓜猕猴桃饮 / 抗衰美容，增白肌肤 …58
芦荟西瓜汁 / 祛斑养颜………………59
南瓜绿豆汁 / 促进排毒………………59

乌发养发 ……………… 60
海带油菜柠檬汁 / 预防过早白发……61
香蕉红薯杏仁汁 / 给头发补充营养……61

除皱 ……………………… 62
胡萝卜西瓜汁 / 增强皮肤弹性 ………63
紫甘蓝葡萄汁 / 益气补血 ……………64
西瓜芹菜胡萝卜汁 / 防止细胞老化……64
彩椒酸奶汁 / 防止衰老 ………………65

粉刺 ……………………… 66
黄瓜木瓜柠檬汁 / 滋润皮肤 …………67
火龙果黄瓜蜂蜜饮 / 排除毒素 ………67

祛斑 ……………………… 68
雪梨柠檬橙饮 / 淡化斑纹 ……………69
山楂柠檬苹果汁 / 亮白肌肤……………70
西蓝花黄瓜汁 / 减少黑色素 …………71
番茄香蕉柠檬汁 / 消除皮肤色素沉积 ...71

第四章 喝去小病痛

感冒 74

苹果莲藕汁 / 对抗感冒病毒 75

白萝卜梨汁 / 消炎杀菌 76

菠萝油菜汁 / 清热解毒 76

薄荷西瓜汁 / 预防风热感冒 77

咳嗽 78

荸荠雪梨汁 / 清肺解毒，止咳 79

杨桃润喉汁 / 顺气润肺，止咳化痰 79

枇杷橘皮汁 / 健脾和肺，止咳化痰 80

柿子柠檬汁 / 生津健脾，清热润肺 81

便秘 82

芹菜菠萝汁 / 富含膳食纤维，促进排便 ..83

香蕉牛奶汁 / 润肠通便，缓解便秘 84

多纤蔬果汁 / 促进肠道蠕动 84

红薯牛奶汁 / 帮助排便，促进消化 85

贫血 86

樱桃汁 / 预防缺铁性贫血 87

猕猴桃蛋黄橘子汁 / 促进铁吸收 88

草莓菠菜葡萄汁 / 改善贫血 89

樱桃草莓汁 / 改善缺铁性贫血 89

脂肪肝 90

柑橘荸荠汁 / 保护肝细胞 91

萝卜番茄消脂汁 / 分解脂肪，保护肝脏 ..92

西瓜荸荠莴苣汁 / 加强肝脏功能 92

玉米葡萄干汁 / 预防脂肪肝 93

口腔溃疡 94

苹果油菜汁 / 改善口腔溃疡 95

缤纷蔬果汁 / 补充维生素 95

湿疹 96

苦瓜柠檬蜂蜜汁 / 缓解湿疹症状 97

白萝卜甜橙汁 / 利湿通利，缓解湿疹 ...97

经期不适 98

圣女果圆白菜汁 / 调理月经 99

西蓝花豆浆汁 / 防止经期便秘 100

姜枣橘子汁 / 补血暖身 101

菠萝香蕉豆浆 / 调理经期情志 101

第五章 喝出五脏健康

健脾养胃 …………………… **104**

山药苹果汁 / 健脾养胃………………… 106

菠萝酸奶 / 开胃，助消化 …………… 107

养护心脏 …………………… **108**

生菜西瓜汁 / 镇定精神，舒缓情绪…… 110

红枣苹果汁 / 养心安神………………… 111

绿茶苹果饮 / 降低心脏病发生率……… 111

养肝护肝 …………………… **112**

黄瓜柠檬饮 / 降低胆固醇，呵护肝脏 .. 114

胡萝卜梨汁 / 清热祛火，改善肝功能 .. 115

玉米葡萄汁 / 增强肝功能，预防脂肪肝… 115

滋润肺脏 …………………… **116**

百合圆白菜汁 / 清肺热………………… 118

山药蜜奶 / 益肺健脾护肝 …………… 118

荸荠生菜梨汁 / 滋润肺脏，止咳化痰 .. 119

补肾益肾 …………………… **120**

桂圆枸杞红枣汁 / 补肾健体…………… 122

桂圆芦荟汁 / 补肾，消肿，止痒 ……… 122

桑葚葡萄乌梅汁 / 健脾益肾，补气养血… 123

补气养血 …………………… **124**

胡萝卜菠菜梨汁 / 除肝火，健脾胃…… 126

葡萄柠檬汁 / 补气，活血，强心 ……… 127

草莓葡萄柚汁 / 调气血，防贫血 ……… 127

第六章 喝出一身轻松

食欲不振 130

菠萝苦瓜猕猴桃汁 / 消除胃胀 131

番茄苹果汁 / 增进食欲，预防便秘 132

山楂红枣汁 / 消食化积 133

失眠 134

生菜梨汁 / 安神催眠，凉血清热 135

芒果蜂蜜牛奶饮 / 缓和精神，镇静催眠 ... 136

葡萄柚柠檬芹菜汁 / 缓解疲劳，助眠 137

健忘 138

黑芝麻南瓜汁 / 健脑益智 139

菠菜雪梨汁 / 促进大脑发育 140

疲劳无力 141

草莓葡萄柚乳酸饮 / 增强细胞活力 142

芒果牛奶饮 / 补充体力，缓解疲劳 143

菠萝香橙豆浆饮 / 中和体内酸性物质 ..144

过敏 145

丝瓜汁 / 抗过敏 146

白萝卜油菜汁 / 改善皮肤过敏症状 147

生姜橘子苹果汁 / 抑制过敏症状 147

眼睛疲劳 148

胡萝卜枸杞汁 / 养肝明目 150

胡萝卜苹果芹菜汁 / 保护眼睛，促进消化 151

上火 152

西瓜香蕉汁 / 清热降火，润肺化痰 154

橘柚生菜汁 / 清热除火，改善睡眠 155

第七章 四季保养蔬果汁

春季 温补养阳，呵护肝脏 158

西蓝花芝麻汁 / 养肝护肝 160

苹果菠萝生姜汁 / 消炎，防过敏 161

夏季 养心安神，清热防暑 162

百合西芹苹果汁 / 养心安神 164

西瓜黄瓜汁 / 生津止渴，利尿消肿 165

番茄葡萄苹果饮 / 保护血管健康 165

秋季 滋阴养肺，生津润燥 166

雪梨汁 / 清热生津 168

黄瓜雪梨山楂汁 / 滋阴清肺，缓解秋燥... 169

萝卜莲藕汁 / 养阴生津 169

冬季 补肾养阳，防寒暖身 170

桂圆胡萝卜芝麻汁 / 补肾御寒 172

胡萝卜苹果姜汁 / 防寒暖身 173

番茄香橙汁 / 护肾防寒 173

第八章 特色蔬果汁

电脑一族 176

苹果土豆泥 / 防辐射，预防亚健康..... 177

番茄橘子柠檬汁 / 防辐射，护眼，

护肤 178

胡萝卜橘子汁 / 减轻辐射对皮肤的

危害 179

海带柠檬汁 / 促进有害物质排出 179

熬夜一族 180

番茄柠檬汁 / 防止视觉疲劳 181

葡萄猕猴桃汁 / 补充熬夜流失的营养 .. 181

苹果香蕉葡萄汁 / 缓解过度疲劳 182

银耳枸杞玉米汁 / 缓解眼睛疲劳 183

在外就餐者 184

高纤维消脂饮 / 促进消化，预防便秘 .. 185

哈密瓜蔬果饮 / 增加食欲，润肠通便 .. 186

水果番茄蜂蜜饮 / 清除肠道内的多余

油脂 187

吸烟一族 188

莲藕雪梨汁 / 止咳化痰，保护咽喉..... 189

高维 C 鲜果汁 / 补充因吸烟而流失的

维生素 189

饮酒一族 190

苹果西芹汁 / 醒酒，补肝护肺 191

番茄芹菜汁 / 缓解酒精对肝的影响..... 192

瘦身美容蔬果汁大盘点

第1名 苹果白菜柠檬汁

推荐理由： 排毒，减脂肪
材料： 苹果 150 克，白菜心 50 克，柠檬 30 克，蜂蜜适量

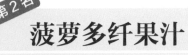

第2名 菠萝多纤果汁

推荐理由： 通便，去火，瘦身
材料： 菠萝 80 克，紫甘蓝 30 克，香蕉 80 克，苦瓜 30 克，蜂蜜适量，盐少许

第3名 西芹海带黄瓜汁

推荐理由： 清热解毒，除脂肪
材料： 西芹 50 克，水发海带 25 克，黄瓜 200 克

第4名 黄瓜豆浆饮

推荐理由： 清热利水，消暑减肥
材料： 黄瓜 200 克，豆浆 150 毫升

第5名 四白饮

推荐理由： 淡化皱纹，美白肌肤
材料： 白菜 100 克，鲜百合 50 克，雪梨 100 克，莲藕 100 克，蜂蜜适量

第6名

黄瓜猕猴桃汁

推荐理由： 减肥健美，美白肌肤
材料： 黄瓜 100 克，猕猴桃 50 克，葡萄柚 150 克，柠檬 50 克

第7名

木瓜玉米奶

推荐理由： 减肥健身
材料： 木瓜 200 克，熟玉米粒 100 克，牛奶 150 毫升

第8名

南瓜绿豆汁

推荐理由： 促进排毒，去热除烦
材料： 南瓜 150 克，绿豆 50 克，蜂蜜适量

第9名

葡萄柠檬汁

推荐理由： 润泽肌肤，抗衰老
材料： 葡萄 200 克，柠檬 50 克，蜂蜜适量

第10名

木瓜柠檬汁

推荐理由： 美肌，瘦身
材料： 木瓜 150 克，柠檬 60 克

第 11 名

莲藕白菜汁

推荐理由： 排出毒素，靓丽容颜
材料： 莲藕 150 克，白菜 100 克，蜂蜜适量

第 12 名

芦荟西瓜汁

推荐理由： 去斑，美白，滋润肌肤
材料： 西瓜 250 克，芦荟 20 克

第 13 名

胡萝卜菠菜汁

推荐理由： 预防皮肤过敏
材料： 胡萝卜 150 克，菠菜 100 克，蜂蜜适量

第 14 名

番茄菠萝汁

推荐理由： 活血化瘀，促进排毒
材料： 番茄 100 克，菠萝 100 克，蜂蜜适量

第 15 名

芒果牛奶饮

推荐理由： 缓解疲劳，补充体力
材料： 芒果 150 克，牛奶 200 毫升，香蕉 1 根，
白糖 10 克

桂圆胡萝卜芝麻汁

推荐理由： 养神益气，润肤，乌发
材料： 桂圆 150 克，胡萝卜 100 克，熟黑芝麻 50 克，蜂蜜适量

第 16 名

胡萝卜苹果西芹汁

推荐理由： 保护眼睛
材料： 胡萝卜 100 克，苹果 150 克，西芹 50 克，柠檬 50 克

第 17 名

海带柠檬汁

推荐理由： 提高抗辐射能力，保护皮肤
材料： 水发海带 150 克，柠檬 100 克

第 18 名

番茄柠檬汁

推荐理由： 抑制黑色素形成，美白亮肤
材料： 番茄 200 克，柠檬 60 克，蜂蜜适量

第 19 名

草莓火龙果汁

推荐理由： 瘦身美容，帮助消化
材料： 草莓 50 克，火龙果 400 克，蜂蜜适量

第 20 名

第一章

蔬果汁基础知识大盘点

即将进入蔬果汁的美妙世界，不同颜色蔬果对健康有什么好处，怎样巧挑选、巧搭配？翻过本页，进入蔬果汁的世界，打造属于自己的神奇蔬果汁！

蔬果汁对健康
有哪些益处

　　色彩诱人、味道可口的蔬菜和水果，除了可以烹制菜肴、做成沙拉或直接生食外，还可以搅打成汁，把营养"喝"进去。如今，饮用蔬果汁已成为很多现代人的营养新主张，因为它具有很多意想不到的优点。

1. 增强细胞活力，调节酸性体质

　　新鲜蔬果能为人体提供大量的维生素以及钙、磷、钾、镁等矿物质，对调整人体功能、增强细胞活力以及肠胃功能等有很好的效果。富含矿物质的蔬菜和水果属于碱性食物，可以与五谷和肉类等酸性食物中和，调整体液酸碱平衡，保持身体健康。

2. 帮助消化，减肥瘦身

　　蔬果汁含丰富的膳食纤维，可以帮助消化、排泄，促进新陈代谢，清除体内的铅、铝、汞等重金属和自由基等，从而达到净化机体的作用，同时还是减肥瘦身的很好选择。对于偏食者、不喜爱吃蔬菜和水果的人，喝蔬果汁也是不错的选择，能够轻轻松松补充营养；对于病人、老年人和婴幼儿来说，其胃肠功能较弱，饮用蔬果汁可使营养更易吸收。

3. 延缓衰老，对抗癌症

　　水果和蔬菜是抗氧化剂的最好来源，维生素C、胡萝卜素、维生素E等抗氧化剂，不仅能够对抗自由基、延缓衰老、滋养肌肤，还能防病治病，对抗癌症。
　　另外，制作蔬果汁方便快捷，对于很多上班族来说，既可以节省时间，又可以随时随地享用，装到杯子里还可以随身携带。

破解蔬果中的健康密码：
植物营养素

维生素、矿物质、膳食纤维等是人体必需的营养素，这些营养素都可以从蔬菜和水果中获得。蔬菜和水果又是热量极低的食物，所以深受追求健康与美丽的现代人喜爱。

蔬菜和水果的价值不仅仅在于它们富含人体所必需的营养素。近代医学研究发现，蔬菜和水果中含有很多植物营养素。植物营养素具有非常强的抗氧化功能，能够提高机体的抗病毒能力和抗癌能力，有效对抗衰老。此外，植物营养素对咳嗽、感冒等日常病症也有很好的辅助疗效，并能预防高血压、高脂血症等常见病。

随着人们对植物营养素研究的深入，越来越多种类的植物营养素及其功能被人们发现。例如，番茄红素、β-胡萝卜素等都成为人们所熟知的植物营养素。

常见蔬果营养素推荐表

常见的植物营养素	主要功效	主要蔬果来源
番茄红素	延缓衰老、保护皮肤免受紫外线伤害、保护心血管	番茄、西瓜、木瓜、彩椒（红）
β-胡萝卜素	保护视力、抗氧化	胡萝卜、菠菜、芒果
辣椒红素	减肥、促进面部血液循环、止痛消炎、提高免疫力	辣椒
叶黄素	延缓衰老、抗癌、保护眼睛	玉米、猕猴桃
槲皮素	保护心血管、抗癌	菠菜、洋葱
木犀草素	消炎、抗过敏、抗菌	菜花、胡萝卜、芹菜
花青素	预防脑部退化、抗癌	葡萄、蓝莓、茄子
前花青素	抗氧化、预防衰老、保持血管的通透性	葡萄
白藜芦醇	抗菌、抗癌、保护心血管	葡萄、桑葚
苦瓜苷	刺激胰岛素分泌、降血糖	苦瓜
吲哚	抗癌、预防心血管疾病	柠檬、橘子、橙子

不同蔬果颜色
蕴藏健康大秘密

蔬果富含多种维生素和矿物质，还含有许多有益于人体健康的植物营养素。因为这类营养素的类别、含量都有差异，因此会显现出各种各样的颜色，大致有红色、绿色、黄色、白色、黑色5种。各种颜色的蔬果都有其独特的营养价值及适宜人群。

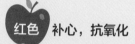 **补心，抗氧化**

　　红色蔬果，可以为人体提供多种维生素、微量元素、蛋白质、矿物质等，有保护心脏、预防心血管疾病的作用。

　　红色蔬果中富含胡萝卜素、番茄红素、铁等成分，可以促进人体血液循环，缓解人们抑郁、焦虑的心情，还可以舒缓疲劳，使人身心轻松、充满活力。

番茄　西瓜　草莓　红色蔬果　红薯　山楂　红苹果

绿色 **养肝护眼，舒缓压力**

　　绿色蔬果，可以强化肝脏功能。同时，它们还含有叶黄素，可以保护视网膜，预防近视。

　　现代营养学认为，绿色蔬果含有类黄酮、微量元素铁，能够减轻氧化物对脑部的侵害，从而延缓脑部衰老。从心理学角度来看，绿色蔬果可以让人心情愉快，能够缓解人的精神压力，使情绪稳定。

黄瓜　苦瓜　芹菜　绿色蔬果　猕猴桃　橄榄　西蓝花

一杯神奇的蔬果汁

黄色　呵护肠胃，润肤抗衰

　　黄色蔬果中富含的维生素、矿物质能够清理肠胃中的垃圾，防治胃炎、胃溃疡等疾病。

　　黄色蔬果富含的维生素C、胡萝卜素能够防止人体内的胆固醇被氧化，减少心血管疾病的发生率，降低糖尿病患者体内胰岛素的抗阻性，使血糖稳定。另外，还有滋润肌肤、抗衰老的作用。

南瓜　木瓜　杏　柑橘　黄色蔬果　菠萝　芒果

白色　润肺止咳，缓解疲劳

　　白色蔬果，有良好的润肺止咳功效。含有铜等微量元素，能够促进胶原蛋白的形成，强化血管与皮肤的弹性。

　　白色蔬果中还含有血清促进素，能够稳定情绪、消除烦躁、生津润肺、缓解疲劳。

百合　梨　山药　白色蔬果　菜花　莲藕　银耳

黑色　强身健体，美容瘦身

　　黑色蔬果，含有多种氨基酸、微量元素，可以降低动脉粥样硬化血管壁受到的损害等。

　　另外，黑色蔬果中含有丰富的铁元素，可以有效增加血液中的含氧量，加快体内多余脂肪的燃烧，有利于美容瘦身。

桑葚　茄子　紫葡萄　黑色蔬果　板栗

应季蔬果巧挑选

黄瓜

产季: 3~12 月。

保健功效: 解烦渴，利水减肥，有利于预防糖尿病和心血管疾病。

选购技巧:

1. 瓜身挺直的为上选。

2. 刺多且细的黄瓜水分多，带有花蒂的新鲜度好。

保存方法: 用纸包好后放入冰箱保存。

芹菜

产季: 全年均有出产，夏季味道最佳。

保健功效: 降低血压，增进食欲，健脑，清肠利便。

选购技巧:

1. 芹菜分普通芹菜和西芹两种，榨汁选西芹较好，其肉质丰厚、汁多。

2. 西芹以颜色稍浅、腹沟宽的为好。

保存方法: 装入塑料袋中密封，放冰箱中冷藏。

白菜

产季: 春、秋、冬季。

保健功效: 清热除烦，养胃生津，通利肠胃，防治感冒。

选购技巧: 大白菜宜选购新鲜、嫩绿、较紧密和结实的。

保存方法: 保留白菜外面的部分残叶，放在阴凉通风的地方。

胡萝卜

产季: 10~11 月。

保健功效: 滋润皮肤，减少脸部皱纹，降低血糖、血压，防癌。

选购技巧:

个体圆直、表皮光滑、不带茎叶的较好，带茎叶的甜度低。

保存方法: 放在室内的阴凉处保存。

一杯神奇的蔬果汁

20

白萝卜

产季： 7～10月。

保健功效： 通气导滞，健胃消食，止咳化痰，减肥消脂。

选购技巧： 根形圆整，表皮光滑，分量较重，拿到手里沉甸甸的为好。

保存方法： 切掉白萝卜的根和叶子，放入冰箱冷藏。

番茄

产季： 全年均有出产，夏季味道最佳。

保健功效： 生津止渴，健胃消食，解毒清热。

选购技巧：
自然成熟的番茄蒂周围有些绿色，捏起来很软，外观圆滑，而子粒是土黄色，肉质红色、多汁、沙瓤。

保存方法： 番茄在常温下保存即可，不宜放入冰箱冷藏。

圆白菜

产季： 全年均有出产，春冬季味道最佳。

保健功效： 健胃益肾，填补脑髓，通络壮骨。

选购技巧： 优质圆白菜球形完整，结球紧密，底部坚硬，叶片新鲜，不萎缩，无腐烂硬伤。

保存方法： 最好现买现吃，吃不完可用保鲜膜包好放入冰箱保存。

菠菜

产季： 全年均有出产。

保健功效： 养血止血，润燥养阴。

选购技巧： 菠菜以菜梗红短，叶子新鲜、叶厚、有弹性且没有变色的为佳。

保存方法： 清洗后装进保鲜袋，放进冰箱冷藏。

油菜

产季: 7 ~ 8 月。

保健功效: 活血消肿，降低血脂，润肠通便，增强免疫力。

选购技巧:

购买时要挑选新鲜、油亮、无虫、无黄叶的嫩油菜，用两指轻轻一掐即断者为佳。

保存方法: 放在冰箱中可保存 24 小时左右。

荸荠

产季: 8~10 月。

保健功效: 生津止渴，利肠通便，清肺化痰。

选购技巧:

荸荠皮呈淡紫红色，肉呈白色，芽粗短，无破损，带点泥土的为好。

保存方法: 稍稍晾晒，带泥存放，保存时间就会稍长一些。

菜花

产季: 9 ~ 10 月。

保健功效: 保护血管，养护肝脏，提高免疫力。

选购技巧:

选购菜花时，应挑选花球雪白、坚实，花柱细，肉厚而脆嫩，无虫伤、机械伤，不腐烂的为好。

保存方法: 可用纸张或保鲜膜包住菜花，直立放入冰箱的冷藏室内保存。

紫甘蓝

产季: 全年均有出产。

保健功效: 强身健体，有利减肥，缓解关节疼痛，降低胆固醇。

选购技巧:

挑选紫甘蓝时，先用手掂分量，分量足的说明水分足、结构紧凑，颜色要有光泽。

保存方法: 最好现买现吃，吃不完可用保鲜膜包好，放入冰箱保存。

苹果

产季: 7~11 月。

保健功效: 清热化痰,生津润肺。

选购技巧: 好的苹果表面光滑、无黑色斑痕,果蒂新鲜

保存方法: 每个苹果用塑料袋密封好,放入冰箱。

葡萄

产季: 7~10 月。

保健功效: 强筋骨,补气血,利小便。

选购技巧:

1. 果粒坚实、表皮有果粉并且果粒大小均匀的为佳。

2. 果梗呈青绿色的为好。

保存方法: 用纸包好,放入冰箱冷藏,现吃现洗。

草莓

产季: 10 月~次年 2 月。

保健功效: 清热利暑,润肺生津。

选购技巧:

1. 香气扑鼻且颜色鲜红、果形完整、尾部尖的为佳。

2. 蒂头越绿表明越新鲜,如果没有蒂头或蒂头发黑则不新鲜。

保存方法:

草莓可直接放冰箱保存,但是在保存过程中不要沾水,也不要洗后保存。

菠萝

产季: 全年均有出产。

保健功效: 消食止泻,清热解渴。

选购技巧:

1. 个体矮胖、尾部叶子绿的甜度高,并且表皮越凸起越甜。

2. 皮色黄的成熟度高,适合买回就吃。如果不是立即吃,可买稍青一些的。

保存方法:

未去皮的菠萝可放在阴凉处保存,去皮后最好包上保鲜膜,放冰箱保存。

香蕉

产季： 全年均有出产。

保健功效： 排除毒素，美容养颜，抑制血压升高。

选购技巧：

1. 表皮呈鲜黄色、有少量斑点或无斑点的为佳。如果黑斑太多则表示过熟，不宜购买。

2. 果皮有损伤的香蕉极易受细菌污染，对健康不利；有绿柄（柄处发绿）的则尚未熟透或香味不足，也不宜购买。

保存方法： 香蕉应放在通风处保存，表皮呈现棕褐色的斑点后，表明其完全成熟，口感最好。不可放入冰箱保存。

西瓜

产季： 5~10月。

保健功效： 清热解暑，利尿通便。

选购技巧： 表皮光滑，纹路明显且颜色较深，拍打时发出"嘭嘭"声，切开后瓜瓤为淡粉色、种子为黑色的较好。

保存方法： 完整的西瓜宜放在阴凉通风处保存。切开的要用保鲜膜包好，放在冰箱中保存。

猕猴桃

产季： 8~10月。

保健功效： 润肠排毒，降低胆固醇。

选购技巧：
呈规则椭圆形，表皮光滑不干瘪，没有伤疤，果毛浓密不脱落，捏起来柔软者为好。

保存方法： 可放入冰箱里冷藏。

樱桃

产季： 5~10月。

保健功效： 止渴生津，健脾开胃。

选购技巧： 选择色泽鲜艳、颜色一致、粒大均匀，尝起来可口、味道甜美的樱桃。

保存方法： 将樱桃连梗放冰箱保存。

橘子

产季： 10月～次年3月。

保健功效： 开胃理气，抗炎，祛痰，降脂降压。

选购技巧：

1. 果皮有光泽、颜色较深的橘子较为新鲜。

2. 拿在手里没有轻浮感，透过果皮可闻到香气的为好橘子。

保存方法： 可放在阴凉通风处保存。

木瓜

产季： 春夏季产的最好。

保健功效： 美容，抗衰老，防癌抗癌。

选购技巧：

好木瓜外表并不怎么鲜艳，上面会有斑点，用手指按捏有弹性，切开后果肉有光泽。

保存方法： 可放在阴凉处保存，切开后包上保鲜膜，放进冰箱中。

芒果

产季： 全年均有出产。

保健功效： 解渴利尿，生津清热，益胃生津。

选购技巧： 表皮紧实细腻、颜色较深，果皮略粗糙的芒果更香甜。

保存方法： 没完全成熟的芒果可放在常温下保存，成熟的芒果要用塑料袋装好并放入冰箱保存。

火龙果

产季： 全年均有出产。

保健功效： 预防贫血，降低胆固醇，防黑斑。

选购技巧： 可选表皮光滑、个头大、外形饱满的火龙果。

保存方法： 不太成熟的火龙果可放在常温下保存，熟透的要放进冰箱保存。

第一章　蔬果汁基础知识大盘点

荔枝

产季: 4~6 月。

保健功效: 增强免疫力,健脑,滋润肌肤。

选购技巧:

1. 看颜色。新鲜荔枝不是鲜艳的红色,而是暗红色。

2. 用手捏。要买稍硬点的、有弹性的荔枝。

3. 闻气味。新鲜的荔枝一般都有股清香的味道。

保存方法: 常温下荔枝保鲜不超过 1 周,还可以放在冰箱冷冻保存。

柿子

产季: 9~10 月。

保健功效: 清热去燥,润肺化痰,软坚,止渴生津,健脾。

选购技巧:

好柿子形状整齐,果皮紧致有光泽。新鲜的柿子蒂是鲜艳的绿色。

保存方法: 没成熟的柿子可以和苹果放在一起催熟,熟的可直接放入冰箱冷藏。

山楂

产季: 9~10 月。

保健功效: 防止心血管疾病,开胃助消化,抗老防癌。

选购技巧:

1. 山楂的外皮。挑选山楂的时候要看看果皮上有没有虫眼。

2. 山楂的颜色。颜色比较红亮的是新鲜的。

3. 山楂的大小。个头要大小适中。

保存方法: 可装在保鲜塑料袋里,放在阴凉干燥处贮藏。

橙子

产季: 10 月至次年 2 月。

保健功效: 抑制致癌物质的形成,软化保护血管,促进血液循环,降低胆固醇和血脂。

选购技巧:

好的橙子表皮鲜亮有光泽、孔较多,拿起来有沉重感。

保存方法: 可以直接放在常温下保存。

自制蔬果汁有窍门

蔬果汁的制作过程十分简单，选好机器、处理好食材、加入适量饮用水后启动机器，直至提示做好即可。打制好的蔬果汁中会有很多渣滓，最好一起喝掉，因为渣滓中含有丰富的膳食纤维。如果实在不喜欢，或者消化功能较弱的人，也可以过滤以后再饮用。

制作蔬果汁可选用果汁机、榨汁机、料理机、压汁机，有些豆浆机也可以。

用榨汁机制作蔬果汁

1. 将食材根据实际情况进行清洗、去皮和切块处理。

2. 将处理好的食材放入榨汁机中。

3. 加入适量饮用水（也可以根据个人口味加入牛奶、豆浆等液体代替水），启动机器。

4. 将榨好的蔬果汁倒出即可饮用。

榨汁机

❶ 处理食材

❷ 将食材放入榨汁机

❸ 加入适量的饮用水

❹ 将打好的蔬果汁倒出

用豆浆机制作蔬果汁

　　现在，随着豆浆机的普及，其功能也越来越多，很多豆浆机都可以一机多用，甚至可以打制蔬果汁。所以，为了物尽其用，最大限度地发挥豆浆机的作用，也避免在家中添置过多的小家电，我们可以用豆浆机打制蔬果汁。

　　用豆浆机打制蔬果汁的过程与榨汁机类似，也是先处理食材，加入适量的饮用水，然后选择豆浆机的"果蔬冷饮"功能即可。

豆浆机

❶ 处理蔬果

❷ 将蔬果倒入豆浆机，加
适量水

❸ 选择"果蔬冷饮"键加工
果汁

一杯神奇的蔬果汁

28

蔬果巧搭配，果汁味更美

自制蔬果汁不必遵循固定的模式，可以根据自己的实际情况随意搭配，变换多种组合，按照个人喜好经常变换口味。这样做不仅能变换出不一样的味道，还能实现营养的互补和均衡，达到保健、美容、减肥等功效。

例如，萝卜和莲藕搭配可以养阴生津，橙子和橘子搭配可以使营养增强。除了蔬菜与蔬菜组合、水果与水果组合外，还可以将蔬果和干果、花草茶及其他食物组合在一起打制蔬果汁。

蔬菜类 ＋ 蔬菜类
功效加倍

西芹　菠菜　　萝卜　莲藕

水果类 ＋ 水果类
增强营养

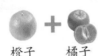

橙子　橘子　　葡萄　柠檬

蔬菜、水果类 ＋ 干果类
健脑益智

胡萝卜　桂圆　　山楂　红枣

蔬菜、水果类 ＋ 花草茶
醒脑益神

百合　菊花　　猕猴桃　绿茶

蔬菜、水果类 ＋ 其他
营养加倍

南瓜　牛奶　　黄瓜　豆浆

放些辅料让蔬果汁更好喝

蔬果汁可以加入适量辅料来调节口感，不仅能使味道更好，还能增强营养。蔬果汁常用的辅料有以下几种。

蜂蜜

蜂蜜富含葡萄糖、果糖、有机酸、维生素等成分，热量低，可润肠通便、美容养颜、延缓衰老，添加到蔬果汁里，其甜甜的口感能使味道更好。

柠檬

柠檬味道清新，富含维生素C，能美白肌肤、开胃消食。在饮用一些苦味或涩味较重的蔬果汁时，加入少许柠檬，能很好地缓解味道。可直接将鲜柠檬与蔬果食材一同放入榨汁机中榨汁，也可使用现成的或现榨的柠檬汁，或者在蔬果汁打好后放入鲜柠檬片。不过，因为柠檬的酸味较强，所以在打制一般的蔬果汁时，最好在打好以后再添加。

其他辅料

蔬果汁可以变着花样来做，不仅口感不同，情趣也不同，例如可以加入自己喜欢的冰激凌，也可以加入各种果酱，甚至还可以将花生、腰果、杏仁、核桃等切成细小的碎末加入到榨好的蔬果汁中，不仅味道芳香浓郁，营养也会加倍。

6 个让蔬果汁更好喝、更健康的小窍门

　　自主搭配蔬果食材、打制不同口味的蔬果汁，是一个有趣的过程。与此同时，掌握一些让蔬果汁更好喝的小方法、小技巧也不失为一种乐趣。

1 尽量选购当地的应季蔬果

　　现在很多蔬菜和水果在各大超市都是一年四季有售。对于一些不是当季盛产的蔬菜和水果，经过长时间的低温冷藏，会损失水分和营养，甚至有的在保鲜过程中还使用了防腐剂等。而当季的蔬果是自然成熟的，最新鲜，营养也最高。与此同时，同一种水果和蔬菜，当地产的品质更优良，因为避免了长途运输，并且一般都是蔬果达到最佳成熟度之后才采摘。

2 食材合理处理

　　大多数蔬菜和水果经过清洗、去皮、切块的简单处理后，即可直接打汁。而对于一些特殊食材，例如菠菜，往往含有草酸，一般要先焯水除去部分草酸，然后过凉水后再切段榨汁；再例如西蓝花等蔬菜不宜生吃，要洗净、掰成小朵，然后焯熟、凉凉后再榨汁；而南瓜、红薯等食材则需要事先蒸熟凉凉，也可用微波炉稍微加热，甚至可以用水焯烫。对于大多数蔬果汁来说，能去皮的尽量去皮食用，以免表皮上附有蜡质、防腐剂或农药等。

3 不同色系或种类轮替搭配

　　打制蔬果汁可根据蔬菜和水果的颜色、种类、口味等来搭配，并且最好经常变化搭配组合，这样更有利于吸收不同营养，达到营养均衡。

4 加水要适量

　　制作蔬果汁时，将食材处理后放入杯体中，还需要加入适量饮用水，一般加水量为食材量的1~2倍。有些特色饮品也可以不加饮用水，而加入豆浆、牛奶、酸奶等来打制，别有一番风味。

5 冷饮热饮均可

　　打制蔬果汁一般添加常温的饮用水，如果想喝冷饮，则可将打制好的蔬果汁放入冰箱冰镇，或者在打制之前预先在容器里加入适量冰块，这样不但可以减少泡沫，还能防止营养成分被氧化。如果想喝热饮，则可添加温热的饮用水。

6 要现喝现打

　　蔬果汁打好后，最好现喝。如果长时间存放，由于蔬果汁营养丰富，有害菌极易侵入，会导致腐败变质。

第二章 一定要拥有的
基础款蔬果汁

幸福是什么？幸福就是生活中有芬芳蔬果的陪伴。每一种蔬菜、水果，都是大自然对人类的恩赐。将蔬果打成汁饮用，可以充分吸收其中的精华，给你提供丰富的营养。喝一杯原汁原味的经典蔬果汁，幸福的感觉就会油然而生。

经典蔬菜汁

蔬菜中含有多种营养素，打成汁饮用，蔬菜中的精华更容易被人体吸收。常喝蔬菜汁，可为人体提供各种微量元素，促进人体健康。来杯美味蔬菜汁，享受大自然的亲情馈赠吧！

油菜小档案

性味：性凉，味甘
归经：归肝、脾、肺经
有效成分：B族维生素、维生素C、胡萝卜素、钙、铁、膳食纤维等

推荐蔬果搭配

☑ 油菜 + 菠萝
= 缓解感冒症状

☑ 油菜 + 木瓜
= 净化血液

油菜汁

解毒消肿，排除废物

材料

油菜	牛奶	蜂蜜
150克	150克	适量

做法

❶ 油菜洗净，去根，切成段。

❷ 将油菜与牛奶一同放入榨汁机中，搅打成汁，备用。

❸ 将打好的油菜汁倒入杯中，加入蜂蜜调匀即可。

营养师提醒

油菜洗净后直接打汁，有助于改善便秘，焯烫后打汁可以使营养更好吸收。

功效

油菜中钙、磷、铁、胡萝卜素等含量较多，能增强肝脏的排毒机制，不仅可解毒、消肿，还对体内的致癌物质有吸附、排斥作用。

一杯神奇的蔬果汁

生菜 小档案

性味：性凉，味甘
归经：归胃、膀胱经
有效成分：B族维生素、维生素 C、莴苣素、甘露醇、钙、膳食纤维等

推荐蔬果搭配

☑ 生菜 + 苹果
= 缓解便秘，促进排毒

☑ 生菜 + 葡萄
= 安神助眠，补肾

生菜汁

改善睡眠，瘦身减肥

材料

 + +

生菜　　　柠檬汁　　　蜂蜜
200 克　　20 毫升　　　适量

做法

❶ 生菜洗净，撕成小片，放入榨汁机中，加入适量饮用水打匀。

❷ 将打好的生菜汁倒入杯中，加入蜂蜜和柠檬汁调匀即可。

营养师提醒

生菜储藏时应远离苹果、梨和香蕉等，以免诱发赤褐斑点。

 功效

生菜有减少多余脂肪的作用，可镇痛催眠、降低胆固醇、缓解失眠症状，还能够驱寒、利尿、抗病毒。

第二章　一定要拥有的基础款蔬果汁

35

胡萝卜小档案

性味：性平，味甘
归经：归肺、脾经
有效成分：糖类、胡萝卜素、B族维生素、维生素C、叶酸、钙、磷、钾、铁、膳食纤维等

营养师提醒

　　如果胡萝卜表面有洗不掉的黑斑，可轻轻刮去表皮再打汁。

推荐蔬果搭配

☑ 胡萝卜  + 菠萝
　= 滋养皮肤，淡化面部黑斑

☑ 胡萝卜 + 橙子
　= 开胃解渴，保护视力

☑ 胡萝卜 + 苹果
　= 防治粉刺，轻松去痘

胡萝卜汁

预防过敏

材料

胡萝卜
100克

+

蜂蜜
适量

做法

❶ 胡萝卜洗净，切丁。

❷ 将胡萝卜放入榨汁机中，加入适量饮用水搅打成汁后倒入杯中，加入蜂蜜调匀即可。

功效

　　胡萝卜可有效预防花粉过敏症、过敏性皮炎等。

西蓝花小档案

性味：性凉，味甘
归经：归肺、大肠经
有效成分：维生素C、胡萝卜素、蛋白质、膳食纤维、矿物质、萝卜硫素等

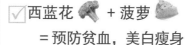

☑ 西蓝花 + 菠萝
= 预防贫血，美白瘦身

☑ 西蓝花 + 猕猴桃
= 预防乳腺癌

☑ 西蓝花 + 香蕉
= 滋润肌肤，补充营养

西蓝花汁

预防基因突变，防癌抗癌

材料

  +

西蓝花   蜂蜜
500克   适量

做法

❶ 西蓝花洗净，掰成小朵，焯水后过凉。

❷ 将西蓝花放入榨汁机中，加入适量饮用水搅打成汁后倒入杯中，加蜂蜜调匀即可。

营养师提醒

西蓝花易有菜虫和农药残留，食用前可在淡盐水里浸泡几分钟。

功效

西蓝花所含的硫葡萄糖苷，可有效预防DNA突变，从而起到防癌抗癌的作用。

西芹 小档案

性味：性凉，味甘

归经：归肺、胃、肝经

有效成分：胡萝卜素、B族维生素、维生素C、类黄酮、钙、钾、铁、膳食纤维等

营养师提醒

西芹还有安神助眠的效果，睡眠质量不佳者适合多饮西芹汁。

推荐蔬果搭配

☑ 西芹 + 猕猴桃

= 去除油腻，预防便秘

☑ 西芹 + 柚子

= 防止贫血，美容养颜

☑ 西芹 + 菠萝

= 促进肠蠕动，改善便秘

西芹汁

促进骨骼生长

材料

西芹　　　　蜂蜜
150 克　　　适量

做法

❶ 西芹洗净，切小段。

❷ 将西芹放入榨汁机中，加适量饮用水搅打成汁后倒入杯中，加蜂蜜调匀即可。

功效

西芹含有丰富的钙和维生素C，除了可以直接补充钙外，还能延长骨骼的增长期并促进钙质的吸收。

一杯神奇的蔬果汁

番茄小档案

性味： 性微寒，味甘、酸
归经： 归肝、脾、胃经
有效成分： 糖类、苹果酸、柠檬酸、番茄红素、胡萝卜素、维生素 B_1、维生素 B_2、维生素 C、类黄酮、烟酸等

营养师提醒

　　番茄红素属于脂溶性，经过油炒吸收率更高，但番茄中的维生素 C 在生吃时吸收更好。生活中可根据所要摄取的营养而选择合适的食用方式。

推荐蔬果搭配

☑ 番茄 + 甘蔗
= 消暑解渴，清体排毒

☑ 番茄 + 柠檬
= 调节代谢，延缓衰老

番茄汁

防癌抗衰

材料

 +

番茄　　　　蜂蜜
300 克　　　适量

做法

❶ 番茄洗净，切小丁。
❷ 将切好的番茄丁放入榨汁机中，加适量饮用水搅打，打好后加入蜂蜜搅拌均匀即可。

 功效

　　番茄具有强抗氧化活性，能够清除自由基，防癌抗癌，延缓衰老，美容润肤，还能预防高血压、动脉粥样硬化等。

玉米 小档案

性味：性平，味甘

归经：归胃、大肠经

有效成分：蛋白质、谷氨酸、淀粉、维生素 B_1、维生素 B_2、烟酸、维生素 E、叶黄素等

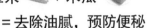

推荐蔬果搭配

☑ 玉米 + 木瓜

= 去除油腻，预防便秘

☑ 玉米 + 香瓜

= 刺激肠胃蠕动，缓解便秘

☑ 玉米 + 栗子

= 预防动脉粥样硬化

玉米汁

保护心血管

材料

甜玉米 2 根 （约 250 克） + 冰糖 适量

做法

❶ 甜玉米去皮，去根、去须，洗净，放入锅中加适量清水煮熟，凉凉。

❷ 凉后把煮熟的玉米掰下粒，将玉米粒放入榨汁机中，加适量饮用水搅打。打好后倒出，加入冰糖调匀即可。

 功效

玉米有抗氧化的功效，在防皱抗衰、美容养颜、保护心血管、保护眼睛、防癌抗癌方面都有一定的功效。

营养师提醒

　　打玉米汁的时候，尽量要吃掉胚芽，因为玉米的胚芽营养是最丰富的。

一杯神奇的蔬果汁

经典水果汁

中医学养生原理认为"五果为助",即水果是蔬菜、五谷的有益补充。把水果榨汁饮用,不仅能够促进营养充分吸收,还能帮助体内排毒,有美容养颜的功效。

 苹果小档案

性味: 性平,味甘
归经: 归脾、肺经
有效成分: 糖类、维生素C、胡萝卜素、果酸、铁、磷、钾、镁、硒、膳食纤维、果胶等

推荐蔬果搭配

☑ 苹果 + 柠檬
= 调理气血,瘦身减肥

☑ 苹果 + 油菜
= 清体排毒,强身健体

☑ 苹果 + 生菜
= 缓解便秘,促进排毒

苹果汁

缓解便秘

材料

苹果
300克

做法

❶ 苹果洗净,去皮、去核,切小块。
❷ 将苹果块放入榨汁机中,加入适量饮用水,搅打成汁即可。

 功效

苹果可促进肠胃蠕动,增强饱腹感,防止便秘、帮助减肥,并能排出体内多余的胆固醇,预防慢性病。苹果中丰富的维生素能滋养肌肤,使皮肤红润有光泽。

营养师提醒

苹果汁宜在饭前1小时或饭后2小时喝。如果饭后马上喝苹果汁,不但不利于消化,还会造成胀气和便秘。

葡萄小档案

性味：性平，味甘、酸
归经：归脾、肺、肾经
有效成分：糖类、草酸、柠檬酸、苹果酸、B族维生素、花青素、维生素C、钙、钾、磷等

推荐蔬果搭配

☑ 葡萄 + 柠檬
　　= 健脾温胃，止咳化痰

☑ 葡萄 + 猕猴桃
　　= 预防脱发

☑ 葡萄 + 苹果
　　= 赶走疲劳，保证睡眠

葡萄汁

补气养血，延缓衰老

材料

葡萄
250 克

做法

❶ 葡萄粒洗净，切成两半后去子。

❷ 将葡萄粒倒入榨汁机中，加入适量饮用水，搅打成汁后倒入杯中即可。

功效

　　葡萄除了可滋补气血、强心健体之外，还可有效抗氧化，延缓衰老。

营养师提醒

　　葡萄中的抗氧化成分主要存在于葡萄皮中，所以最好选择颜色深的葡萄，连同果皮一起打成果汁。

一杯神奇的蔬果汁

西瓜**小档案**

性味：性平，味甘
归经：归心、胃、膀胱经
有效成分：果糖、葡萄糖、B 族维生素、维生素 C、磷、钾、镁、膳食纤维、瓜氨酸等

推荐蔬果搭配

☑ 西瓜 + 荸荠
＝有效降血压

☑ 西瓜 + 番茄
＝养心护心

☑ 西瓜 + 香蕉
＝消暑降火，清热止咳

西瓜汁

清热解毒，利尿消肿

材料

 +

西瓜 　　 蜂蜜
250 克 　 适量

做法

❶ 西瓜去皮、去子，切成小块。

❷ 将西瓜块放入榨汁机中搅打成汁，打好后倒出，调入蜂蜜即可。

营 养 师 提 醒

西瓜汁性寒，空腹饮用对肠胃不利。

 功效

西瓜能清热解毒、利尿消肿、生津止渴，还能滋养肌肤，协助降低血压。

橙子**小档案**

性味：性凉，味甘、酸
归经：归胃、肺经
有效成分：维生素 C、钙、磷、钾、
β－胡萝卜素、柠檬酸、橙皮苷以
及醛、醇、烯等

推荐蔬果搭配

☑ 橙子 + 柠檬
　 = 预防皱纹、黑斑

☑ 橙子 + 哈密瓜
　 = 清热解燥，降低血脂

橙汁

提高免疫力

材料

橙子	冰块	柠檬汁
250 克	适量	适量

做法

❶ 橙子洗净，去皮，切块。

❷ 将切好的橙子、冰块放入榨汁机中，加入适量饮用水搅打成汁，加柠檬汁调匀即可。

功效

橙子含有大量维生素 C，能提高机体免疫力，对抑制致癌物质的形成、软化和保护血管、促进血液循环、降低胆固醇和血脂有帮助。

营养师提醒

橙汁是最经典的果汁，当搭配其他水果一起打成果汁时，更有新意。

草莓小档案

性味： 性凉，味甘、酸
归经： 归脾、胃、肺经
有效成分： 糖类、B 族维生素、维生素 C、胡萝卜素、钙、磷、铁、膳食纤维等

推荐蔬果搭配

☑ 草莓 + 菠萝
= 健胃益脾，解暑止渴

☑ 草莓 + 柠檬
= 促进消化，预防癌症

草莓汁

延缓衰老

材料

 +

草莓　　　蜂蜜
300 克　　适量

做法

❶ 草莓去蒂，洗净，切小块。
❷ 将草莓块放入榨汁机中，加入适量饮用水搅打，打好后倒出，调入蜂蜜即可。

功效

草莓有很好的抗氧化功效，可以延缓肌肤衰老，防止动脉粥样硬化，降低血脂和胆固醇。

营养师提醒

痰湿内盛的人，不宜用草莓榨汁。

第二章　一定要拥有的基础款蔬果汁

菠萝小档案

性味：性凉，味甘、酸

归经：归脾、胃、肺经

有效成分：糖类、B族维生素、维生素C、胡萝卜素、钙、磷、铁、膳食纤维等

推荐蔬果搭配

☑ 菠萝 + 番茄
= 疏通血管，预防心血管疾病

☑ 菠萝 + 草莓
= 健胃益脾，解暑止渴

☑ 菠萝 + 甜椒
= 预防疲劳、感冒

菠萝汁

止腹泻

材料

菠萝
250 克

做法

❶ 将菠萝去皮，切成小块，用淡盐水浸泡 10 分钟。

❷ 将菠萝块倒入榨汁机中搅打，果汁打成后用滤网滤掉水果渣即可。

功效

菠萝有清胃解渴、补脾止泻的功效，用来榨汁饮用有较好的止泻效果。

营养师提醒

菠萝中含有菠萝蛋白酶，对口腔和舌头有一定刺激作用，用盐水浸泡菠萝可减小刺激。

木瓜小档案

性味：性平、微寒，味甘
归经：归肝、脾经
有效成分：番木瓜碱、木瓜蛋白酶、
木瓜凝乳酶、胡萝卜素、维生素C、
B族维生素等

营养师提醒

　　木瓜虽为养胃水果，但其味酸，
所以胃酸过多的人要少吃。

推荐蔬果搭配

☑ 木瓜 + 莲子
　＝治疗产后虚弱

☑ 木瓜 + 芒果
　＝调理肠道，养胃益胃

☑ 木瓜 + 橙子
　＝让肌肤光泽、白皙

木瓜汁

美容润肤

材料

 +

木瓜　　　蜂蜜
250克　　适量

做法

❶ 木瓜洗净，去子、去皮，切成小块。

❷ 把木瓜块放到榨汁机中，加适量饮
　用水搅打，搅打好后倒出，调入蜂
　蜜即可。

 功效

　　木瓜能够帮助消化、提高免疫
力、美容润肤。

经典蔬果混搭

将蔬菜和水果混合搭配制成汁，能将蔬菜和水果的精华充分融入其中，给您带来充足营养，尽享大自然的倾情馈赠。

性味：性凉，味甘
归经：入肠、胃经

苹果莴苣汁

排毒瘦身，提高智力

材料

苹果	莴苣叶	柠檬	蜂蜜
200克	5片	30克	适量

做法

❶ 苹果洗净，去皮、去核，切小块；莴苣叶洗净，切碎；柠檬去皮、去子。

❷ 将①中的食材倒入榨汁机中，加适量饮用水搅打成汁，过滤后倒入杯中，加入蜂蜜调味即可。

功效

莴苣含有丰富的膳食纤维及维生素E、叶酸、矿物质，能量低，可提高神经细胞活性；苹果含有丰富的膳食纤维和矿物质，可排毒减肥、增强记忆力。

营养师提醒

如果想要摄入更多的膳食纤维，达到更好的排肠毒效果，最好不要过滤果汁。

一杯神奇的蔬果汁

葡萄芦笋汁

材料

葡萄
50克

芦笋
200克

蜂蜜
适量

做法

❶ 葡萄洗净，去子；芦笋洗净，切小段。

❷ 将①中的食材倒入榨汁机中，加入少量饮用水，搅打成汁后，加入蜂蜜调味即可。

 功效

　　葡萄可延缓衰老，芦笋能预防高血压及其他心血管疾病。

营养师提醒

　　葡萄表面的白色粉霜并不是残留的农药，而是葡萄特有的果粉，对人体无害。

木瓜油菜汁

活血化瘀

材料

木瓜
200克

油菜
100克

蜂蜜
适量

做法

❶ 将油菜洗净，倒入沸水中焯烫一下，然后捞出，切小段；木瓜去皮、去子，切小块。

❷ 将油菜、木瓜放入榨汁机中，加入适量饮用水搅打，搅打好后调入蜂蜜拌匀即可。

功效

　　木瓜对降低血液中的胆固醇和甘油三酯，促进末梢血液循环有帮助；油菜可以促进血液循环，散血消肿。

第二章　一定要拥有的基础款蔬果汁

49

第三章 喝出好气色

留住青春容颜、营造苗条身段，是每一位爱美女性梦寐以求的事。在忙忙碌碌的生活中，很多人都抽不出时间去瘦身、美容，那么可以喝一些美味的蔬果汁，轻松保持好身材、美白肌肤，让你活得更自信、更从容。

减肥瘦身

目前减肥是一种潮流，而关于减肥的方法也五花八门。怎样才能减得健康而不反弹？其实，还是要从合理科学地控制饮食做起。如何在减少饮食量的同时保证身体的营养呢？各种低热量的蔬果汁无疑是减肥不错的选择。

减肥瘦身的营养素

营养素	功能	主要蔬果来源
膳食纤维	增加饱足感，提高基础代谢率	紫甘蓝、苹果、菠萝等
B 族维生素	加强脂肪和糖分的代谢	苦瓜、黄瓜等
维生素 C	促进血液循环，消除肿胀	白菜、莴苣、蓝莓等

番茄
减少脂肪累积

西瓜
促进体内废物排出

西蓝花
热量低，膳食纤维多

减肥瘦身蔬果

柠檬
消除体内多余脂肪

芹菜
促进消化，帮助减肥

苹果
排毒清肠，消脂减肥

苹果白菜柠檬汁

排毒减肥，促进消化

材料

苹果	白菜心	柠檬	蜂蜜
150 克	100 克	25 克	适量

做法

❶ 苹果洗净，去皮和核，切小块；白菜心洗净，切碎；柠檬洗净，去皮和子，切小块。

❷ 将①中的食材和适量饮用水一起放入榨汁机中搅打，打好后加入蜂蜜调匀即可。

功效

　苹果（富含膳食纤维，既能减肥，又能帮助消化）+ **白菜心**（含有丰富的膳食纤维和水分，能润肠排毒，帮助减肥）+ **柠檬**（富含多种维生素，具有防止和消除皮肤色素沉着的作用）= 帮助消化、润肠排毒、促进减肥。

小提示

减肥的时候可以吃零食吗？

减肥的时候如果总是在两餐间感觉饥饿难忍，不妨吃点小零食，以免在下一顿饭的时候进食更多。但是要选择健康的零食，例如全麦面包、全麦饼干及糖分低的水果和坚果。

营 养 师 提 醒

　白菜性偏凉，胃寒腹痛、大便溏泻及寒痢者不可多食。

黄瓜豆浆饮

材料

黄瓜
20 克
+
豆浆
150 毫升

做法

1 黄瓜洗净，切小块。

2 将黄瓜和豆浆一起放入榨汁机中，搅打成汁后倒入杯中即可。

功效

这款蔬果汁富含维生素和酶类等，可调节内分泌，促进新陈代谢，除热防暑，消脂减肥。

营 养 师 提 醒

黄瓜应带些尾部一起吃。黄瓜尾部有较多的苦味素，有抗癌作用，所以吃黄瓜时不要把尾部全部丢掉。

营 养 师 提 醒

不要用金属的菜刀切生菜，因为金属元素与叶片接触，就会使切口呈褐色，而且口味也会变差。

生菜豆浆饮

增白皮肤，减肥健美

材料

生菜
200 克
+
豆浆
300 毫升

做法

1 生菜择洗干净，撕碎。

2 将生菜和豆浆一起放入榨汁机中搅打成汁即可。

功效

这款饮品具有高蛋白、低脂肪、多维生素、低胆固醇的特点，可减肥健美、增白皮肤。

一杯神奇的蔬果汁

菠萝紫甘蓝果汁

促进代谢，通便排毒

材料

 + +

菠萝（去皮）　　紫甘蓝　　蜂蜜
100克　　　　100克　　　适量

做法

❶ 紫甘蓝洗净，切小片；菠萝切小块，放淡盐水中浸泡约15分钟，捞出冲洗一下。

❷ 将①中的食材和适量饮用水一起放入榨汁机中搅打，打好后加入蜂蜜调匀即可。

功效

这款蔬果汁富含多种维生素和膳食纤维，可有效提高机体代谢，促进废物排出，从而达到纤体瘦身的功效。

营养师提醒

菠萝加蜂蜜煎水服还可用于支气管炎，但是对于身体不适或有腹泻症状的人，建议不要菠萝和蜂蜜同时食用。

美白肌肤

要肌肤美白透亮，化妆品、面膜不是唯一的选择，新鲜的蔬果汁同样能解决肌肤问题。蔬果中富含多种维生素、有机酸、胡萝卜素等，每天喝一杯蔬果汁对肌肤很有好处。

美白肌肤的营养素

营养素	功能	主要蔬果来源
胡萝卜素	保护皮肤表层细胞，防止皮肤干燥	胡萝卜、青椒、香蕉等
维生素C	消除体内自由基，缓解皮肤老化	生菜、葡萄柚、猕猴桃等
维生素E	抗氧化，防止皮肤衰老	黄瓜、菠菜、雪梨等
铁	预防贫血，保持脸色红润	油菜、葡萄、草莓等

菠菜
滋阴润燥，美白皮肤

草莓
令肌肤细腻有弹性

黄瓜
抗氧化，防止皮肤衰老

美白肌肤蔬果

胡萝卜
保护皮肤表面，防止干燥

木瓜
促进肌肤代谢

橙子 淡化皮肤色斑

四白饮

美白肌肤，淡化皱纹

材料

白菜
100克

鲜百合
50克

雪梨
100克

莲藕
100克

蜂蜜
适量

功效

这款蔬果汁含有丰富的维生素，能够美白肌肤，为肌肤补水，淡化皱纹。

做法

❶ 白菜洗净，切小片；鲜百合掰开、洗净；梨洗净，去核，切小丁；莲藕洗净，去皮，切小丁。

❷ 将①中的食材放入榨汁机中，加入适量饮用水，打好后加入蜂蜜调匀即可。

营养师提醒

百合有一定毒性，建议食用前向医师咨询。梨性偏寒助湿，多吃会伤脾胃，故脾胃虚寒、畏冷食者应少吃梨。

黄瓜猕猴桃饮

抗衰美容，增白肌肤

材料

黄瓜
100克　　葡萄柚
150克　　猕猴桃
50克　　柠檬
50克

做法

❶ 黄瓜洗净，切小块；猕猴桃洗净、去皮，切小块；葡萄柚、柠檬各去皮和子，切小块。

❷ 将上述材料和适量饮用水一起放入榨汁机中搅打即可。

功效

　　黄瓜、猕猴桃和葡萄柚的维生素C含量都很高，可抗衰老、养颜美容、美白肌肤。

营养师提醒

　　清洗黄瓜时不要让其在水中浸泡过长时间，否则黄瓜内的维生素会悉数流失，使营养价值降低，而且溶解于水中的农药有可能会反渗入黄瓜中。

芦荟西瓜汁

材料

西瓜   芦荟
250 克   20 克

做法

❶ 西瓜去皮、去子，切小块；芦荟洗
  净，去皮，切小块。

❷ 将上述食材一同放入榨汁机中，加
  入适量饮用水搅打成汁后倒入杯中
  即可。

 功效

　　此款蔬果汁中的芦荟具有祛斑、
祛痘、美白和滋润肌肤、提高皮肤亮
度和弹性等功效。

 功效

　　南瓜（富含果胶，可黏合并消除
体内的细菌及毒性物质，促进身体排
毒）+ 绿豆（富含蛋白质、维生素等，
能清火解毒）= 清火排毒，美白皮肤。

南瓜绿豆汁

材料

南瓜   绿豆   蜂蜜
150 克   50 克   适量

做法

❶ 南瓜洗净，去瓤，切小块，放入锅
  中蒸熟，去皮；绿豆洗净，浸泡
  4~6 小时，放入锅中煮熟。

❷ 将①中的材料和适量饮用水一起放
  入榨汁机中搅打均匀，打好后加入
  蜂蜜调匀即可。

第三章　喝出好气色

乌发养发

头发枯黄、失去光泽、分叉易断、脱发等问题，会大大影响个人魅力。影响头发健康的原因很多，其中饮食营养是重要因素之一，适当地注意饮食调理，常常能收到令人满意的美发乌发效果。

乌发养发的营养素

营养素	功能	主要蔬果来源
维生素 E	改善头皮毛囊微循环，促进毛发生长	白菜、莴苣、蓝莓等
B 族维生素	刺激毛发再生，促进黑发生长	油菜、胡萝卜、苦瓜等
铁	避免头发枯黄和脱发	菠菜、油菜、桂圆、草莓、樱桃、桑葚等

胡萝卜
养神益气，乌发抗衰

栗子
补肝肾，乌发

乌发养发蔬果

黑木耳
温补肝肾，乌发秀发

葡萄
补肾养血，润发乌发

黑芝麻
补肾，养血，润燥，乌发

桂圆 补肾，促进毛发生长

海带油菜柠檬汁

预防过早白发

材料

 + +

海带	苹果	油菜	柠檬汁
50克	80克	30克	适量

做法

❶ 海带洗净，用水浸泡2小时，用开水焯熟，榨汁。

❷ 苹果洗净，去核，切小块；油菜洗净，切小段。

❸ 将切好的苹果、油菜倒入榨汁机中，加少量饮用水榨汁。

❹ 将榨好的海带汁和蔬果汁混合，加入适量柠檬汁即可。

功效

海带可以促进脑神经细胞的新陈代谢，还能预防过早白发；油菜对脱发、白发也有缓解作用。

功效

红薯营养丰富，富含多种维生素，以及铁、钾、硒等矿物质，可以补充头发生长所需营养；与同样维生素含量高的香蕉榨汁，对营养缺乏引起的白发有防治效果。

香蕉红薯杏仁汁

给头发补充营养

材料

 + +

香蕉	红薯	杏仁
1根	1个	5克

做法

❶ 将红薯洗净，上锅蒸熟，切作小块；香蕉去皮，切为小块；将杏仁研末。

❷ 将香蕉、红薯倒入榨汁机，加少量饮用水搅打均匀。

❸ 在榨好的汁中撒上杏仁末即可。

除皱

皱纹是肌肤衰老的表现，细胞膜组织中的胶原蛋白和活性物质被自由基破坏，就会产生皱纹。除机体衰老外，外部环境也是产生皱纹的重要因素。除日常护肤外，多喝富含 β-胡萝卜素、维生素C等含抗氧化物质的蔬果汁也可除皱。

减少皱纹所需营养素

营养素	功能	主要蔬果来源
β-胡萝卜素	保护器官或组织的表层	南瓜、胡萝卜、哈密瓜、芒果等
维生素C	还原维生素E，防止细胞老化	菠菜、芹菜、苦瓜、苹果、葡萄等
维生素E	防止细胞老化	油菜、菠菜、海带、番茄、山楂、水蜜桃、香蕉等

胡萝卜
滋润皮肤，增强皮肤弹性

猕猴桃
滋润、美白肌肤

紫甘蓝
抗氧化，益气补血，防衰老

水蜜桃
预防肌肤衰老

除皱纹蔬果

芹菜
富含膳食纤维，维护皮肤健康

葡萄
抗氧化，防止衰老

西瓜 提高皮肤生理活性

胡萝卜西瓜汁

增强皮肤弹性

材料

 +

胡萝卜　　　西瓜
100 克　　　250 克

做法

① 胡萝卜洗净，切成小块。

② 西瓜用勺子挖出瓜瓤，去子。

③ 将胡萝卜、西瓜放入榨汁机中榨汁。

功效

胡萝卜（胡萝卜素可消除导致人衰老的自由基）+ 西瓜（含有提高皮肤生理活性的多种氨基酸）= 滋润皮肤，增强皮肤弹性。

营养师提醒

胡萝卜的纤维较粗，通常用榨汁机榨汁后需过滤饮用。

紫甘蓝葡萄汁

益气补血

材料

 + +

紫甘蓝　　葡萄　　苹果
100克　　8粒　　100克

做法

❶ 紫甘蓝洗净，撕成小片。

❷ 苹果洗净，去核，切块；葡萄洗净，去子。

❸ 将所有原料放入榨汁机中搅打均匀即可。

功效

紫甘蓝和葡萄的抗氧化能力强，有益气补血的功效，能祛除皱纹、防止衰老。

功效

西瓜有利尿功效，芹菜富含膳食纤维，胡萝卜富含胡萝卜素，能够维护皮肤健康。这款蔬果汁可以抗氧化，防止细胞老化。

西瓜芹菜胡萝卜汁

防止细胞老化

材料

 + + +

西瓜　　芹菜　　胡萝卜　　柠檬汁
200克　　30克　　30克　　适量

做法

❶ 西瓜去皮、去子，切块。

❷ 芹菜去根，洗净，切段。

❸ 胡萝卜洗净，切块。

❹ 将上述材料放入榨汁机搅打成汁后，加入柠檬汁调匀即可饮用。

一杯神奇的蔬果汁

彩椒酸奶汁

防止衰老

材料

彩椒（红）   脱脂酸奶
100 克   100 毫升

做法

❶ 彩椒洗净，去蒂、去子，切成小丁。
❷ 将彩椒丁与酸奶一起放入榨汁机中，
　 加入适量饮用水搅匀即可。

功效

　　彩椒富含辣椒红素，这是类胡萝卜素的一种，具有很好的抗氧化功效，能够加速脂肪的新陈代谢，促进能量消耗，防止体内脂肪的聚集，同时还能改善面部血液循环，使面色红润。

营养师提醒

　　不要以为用彩椒打汁味道会很奇怪，其实它脆爽多汁，搭配酸奶，成品颜色白里透红，口感也是酸中透甜。但注意虚寒、肠滑不固者不宜饮用。

粉刺

粉刺就是人们常说的痤疮，是常见的皮肤科病症，多见于15~30岁的青年。粉刺大多为内热引起，所以清除体内的积热，就可以很好地防治粉刺。

防治粉刺所需营养素

营养素	功能	主要蔬果来源
维生素 C	利于肠道中益生菌的繁殖	西蓝花、苦瓜、苹果、香蕉、猕猴桃等
膳食纤维	刺激肠胃蠕动，润滑肠道	白菜、萝卜、芹菜、苹果、菠萝等
碳水化合物	提供能量，护肝解毒	胡萝卜、红薯、荸荠、香蕉、葡萄等
维生素 E	促进血液循环，增强肌肤细胞活力	芹菜、香菜、南瓜、菠萝、杨桃等

苦瓜
清热祛暑，
明目解毒

木瓜
滋润肌肤，
消除粉刺

防治粉刺蔬果

胡萝卜
提高免疫力，
缓解青春痘

苹果
促进排毒，
轻松去痘

黄瓜
细致毛孔，
去除痘印

火龙果 抗氧化，抗衰老

黄瓜木瓜柠檬汁

材料

黄瓜
200克

木瓜
400克

柠檬
50克

做法

❶ 将黄瓜洗净，切成块；木瓜洗净，去皮、去瓤，切块；柠檬切成小片。

❷ 将所有材料放入榨汁机中榨出汁即可。

功效

　　此果汁能缓解青春痘症状，滋润皮肤。

营养师提醒

　　不宜过量饮用，否则可能会引发胀气、腹泻。

功效

　　清热解毒，除痘痘，有较好的美容养颜功效。

火龙果黄瓜蜂蜜饮

排除毒素

材料

火龙果
150克

黄瓜
100克

蜂蜜
10克

做法

❶ 将火龙果剥皮，切小块；黄瓜洗净，削掉皮，取果肉，切小块。

❷ 将切好的火龙果、黄瓜放到榨汁机中，加适量饮用水搅打，搅打均匀后，加入蜂蜜调味即可。

第三章　喝出好气色

67

祛斑

女性在不同时期会由于不同原因而出现色斑，如孕期有可能出现蝴蝶斑和妊娠斑，老年时期会有老年斑。导致色斑出现的原因有可能是内分泌失调、妇科疾病、精神压力大、睡眠不好，以及体内缺少维生素等。

淡化色斑所需营养素

营养素	功能	主要蔬果来源
β-胡萝卜素	保护器官或组织的表层	南瓜、胡萝卜、哈密瓜等
维生素C	减少黑色素的形成	苹果、葡萄、香蕉、菠菜、芹菜、猕猴桃、草莓、柠檬等
蛋白质	细胞、组织再生的重要原料	西蓝花、哈密瓜、芒果等

黄瓜
促进新陈代谢，抗衰老

草莓
去除青春痘、黑斑、雀斑

木耳
养颜补血，滋养皮肤

祛斑蔬果

猕猴桃
排毒养颜，淡化色斑

番茄
减少黑色素沉着

香蕉
吸附体内毒素

柠檬 抗氧化，延缓衰老

雪梨柠檬橙饮

淡化斑纹

材料

雪梨　　　　橙子　　　　柠檬
200克　　　 150克　　　 20克

做法

❶ 将雪梨、橙子去皮切块，柠檬去皮切片。

❷ 将上述材料放入榨汁机，加水榨成汁即可。

功效

　　此款蔬果汁能够淡化皮肤的色斑和细纹，提高皮肤的抗氧化能力，起到美容驻颜的效果。

营养师提醒

　　柠檬一般加工成饮料或食品，如柠檬汁、柠檬果酱、柠檬片、柠檬饼等，可以提高视力及暗适应性，减轻疲劳等。

山楂柠檬苹果汁

材料

山楂　　苹果　　柠檬　　冰糖
50克　　40克　　20克　　适量

做法

❶ 将山楂洗净，装入纱布袋中，入锅，加水，用大火煮开，再转小火煮30分钟，放凉。

❷ 把苹果、柠檬、冷开水放入榨汁机内打2分钟成汁，倒入山楂液中。

❸ 往汁水中加入冰糖调味。

功效

　　山楂（可降低血液中甘油三酯的含量，是小腹凸出者去油减重的理想选择）+ **柠檬**（有助于皮肤保持光洁细致）= **美白亮颜，驱除皱纹**。

西蓝花黄瓜汁

材料

西蓝花	黄瓜	苹果	蜂蜜
150 克	100 克	50 克	适量

做法

❶ 西蓝花洗净，掰成小朵，用热水略焯；黄瓜洗净，切小块；苹果洗净，去核，切小块。

❷ 将西蓝花、黄瓜和苹果倒入榨汁机中，倒入适量凉开水榨汁。

❸ 根据个人口味，加入适量柠檬汁和蜂蜜即可。

功效

西蓝花中的维生素 C 能减少黑色素的形成；黄瓜中的黄瓜酶，能促进机体新陈代谢，而且黄瓜富含维生素 E，有抗衰老的作用。

功效

番茄富含维生素 C，能减少黑色素形成；香蕉能吸附体内毒素使之排出体外；柠檬有抗氧化的作用，能消除皮肤色素沉积，三者配合榨汁，能抑制黑色素形成。

番茄香蕉柠檬汁

消除皮肤色素沉积

材料

番茄	香蕉	柠檬
200 克	100 克	30 克

做法

❶ 番茄洗干净，在表面切一个小口，热水烫一下去皮，切小块。

❷ 香蕉去皮，切小块；柠檬洗净，切块。

❸ 将番茄、香蕉和柠檬一起倒入榨汁机中，加少量凉开水榨汁。

第四章 喝去小病痛

日常生活中，天气的变化、抵抗力的下降或者饮食的不均衡，都有可能引起身体的不适和疾病。其实，只要在平时喝一些蔬果汁做调理，就可以避免小病小痛的困扰，同时能够有效改善、调理慢性病。

感冒

感冒，俗称"伤风"，是日常生活中最常见的疾病之一，通常在季节交替时，尤其是冬春交替时容易发病。普通感冒又分为风寒感冒、风热感冒、暑湿感冒等。

症状表现

风寒感冒的突出表现是流清鼻涕，咳白痰，怕冷怕风，身体疲倦，没有食欲等；风热感冒的突出表现是流黄绿色浓稠鼻涕，咳黄痰，伴有头痛发热，体温升高时会发抖、发冷；暑湿感冒则表现为头痛身重，可有发热，呕吐等。

黄瓜
调节体内酸碱平衡，抵抗感冒病毒

菠萝
缓解感冒引起的咽喉疼痛和咳嗽

生姜
能消炎、散寒、发汗，缓解流鼻涕等感冒症状

抗感冒蔬果

橙子
富含维生素C，能缓解感冒症状

洋葱
抵御流感病毒，杀菌能力强

西瓜
利尿消肿，预防风热感冒

柠檬
生津止渴，清热化痰

苹果莲藕汁

对抗感冒病毒

材料

 + + 蜂蜜

苹果 200 克　莲藕 150 克　蜂蜜 适量

做法

❶ 苹果洗净，去皮、去子，切小块；莲藕洗净，切小块。

❷ 将①中的材料放入榨汁机中，加入温热饮用水搅打，打好后倒入杯中，加入蜂蜜调匀即可。

功效

　　苹果（含维生素 C、果酸等，可提高身体免疫力）+ 莲藕（含有丰富的维生素 C、矿物质等，可止咳、退烧、平喘，缓解感冒症状）= 补充营养，对抗感冒不适。

营养师提醒

　　莲藕挑选嫩一点的榨汁，果汁更清甜。

白萝卜梨汁

消炎杀菌

材料

白萝卜	梨	蜂蜜
100克	1个	适量

做法

❶ 将白萝卜洗净，切成适当大小；梨去皮去核，切成小块。

❷ 将①中的材料放入榨汁机搅打，再放入生姜汁和蜂蜜搅匀即可。

功效

　　白萝卜具有消炎、杀菌、利尿的功效；梨有清热润肺的功效。

营养师提醒

　　白萝卜梨汁加入适量面粉做成面膜，不但能保湿，还能缓解皮肤粗糙。

菠萝油菜汁

清热解毒

材料

油菜	菠萝
100克	150克

做法

❶ 油菜洗净，入沸水中焯烫一下，然后捞出，凉凉，切小段；菠萝去皮，切小丁，放淡盐水中浸泡约15分钟，捞出冲洗一下。

❷ 将上述材料放入榨汁机中，加入适量饮用水搅打均匀即可。

功效

　　油菜含有维生素C、胡萝卜素，可清热解毒、对抗感冒；菠萝含有多种维生素，所含的菠萝蛋白酶可缓解咽喉疼痛和咳嗽等感冒症状。

薄荷小档案

性味：性凉，味辛
归经：归肺、肝经

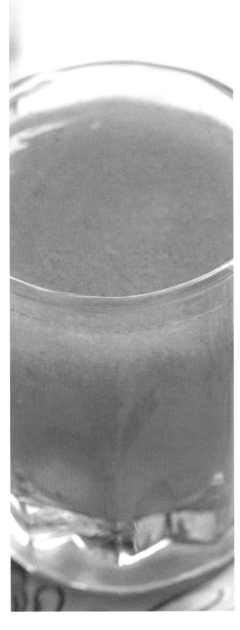

薄荷西瓜汁

材料

西瓜
200 克
＋
薄荷叶
3 片
＋
白糖
10 克

做法

❶ 西瓜去皮、去子，切小块；薄荷叶洗净。

❷ 将①中的食材一同放入榨汁机中，加入适量饮用水搅打成汁后倒入杯中，加入白糖搅拌至化开即可。

禁忌人群

❌ 西瓜是凉性的，脾胃虚弱的人宜少吃。

 功效

西瓜（富含矿物质，可生津止渴，利尿消肿）＋薄荷（消炎镇痛，缓解咽喉肿痛）＝调治风热感冒。

▶ 小提示

感冒期间可以多吃水果吗
感冒是由于免疫力下降、病毒入侵所致，感冒期间可多吃富含维生素的水果，也可以多喝一些果汁，这样有利于感冒的恢复。

营养师提醒

薄荷不能大剂量服用，否则会导致失眠。

咳嗽

咳嗽是呼吸系统疾病中最常见的症状之一。中医认为，咳嗽是由饮食不当，脾虚生痰或外感风寒、风热及燥热之邪等原因造成肺气不宣、肺气上逆所致。

症状表现

咳嗽有干咳无痰和咳嗽有痰之分，都可能出现胸闷、呼吸困难、失眠等症。

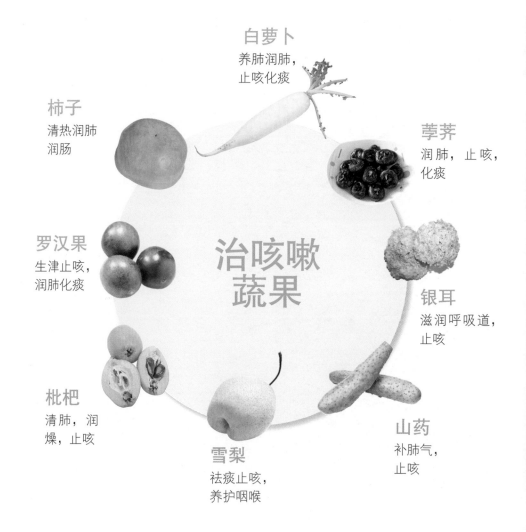

白萝卜
养肺润肺，
止咳化痰

柿子
清热润肺
润肠

荸荠
润肺，止咳，
化痰

罗汉果
生津止咳，
润肺化痰

银耳
滋润呼吸道，
止咳

治咳嗽
蔬果

枇杷
清肺，润
燥，止咳

山药
补肺气，
止咳

雪梨
祛痰止咳，
养护咽喉

荸荠雪梨汁

清肺解毒，止咳

材料

荸荠　　　雪梨　　　蜂蜜
60 克　　 150 克　　 适量

做法

❶ 荸荠去皮，洗净，切小块；雪梨洗净，去皮、去子，切块。

❷ 将①中的食材倒入榨汁机中，加入适量饮用水，搅打均匀后倒入杯中，加入蜂蜜搅匀即可。

 功效

清肺解毒，有明显的止咳效果。

营 养 师 提 醒

若在此款果汁中加入莲藕和芦根，还可用于热毒性肺炎的辅助食疗。

杨桃润喉汁

顺气润肺，止咳化痰

材料

杨桃　　　金橘　　　苹果　　　蜂蜜
50 克　　 100 克　　 75 克　　 适量

做法

❶ 杨桃削去边，洗净，切小块；金橘洗净，切半；苹果洗净，去皮、去子，切小块。

❷ 将①中的食材倒入榨汁机中，加入适量饮用水搅打均匀后倒入杯中，加入蜂蜜搅匀即可。

 功效

此款果汁可保护气管、生津止咳、润肺化痰，缓解咳嗽症状。

枇杷小档案

性味：性平，味甘酸
归经：归肺、胃经

枇杷橘皮汁

健脾和肺，止咳化痰

材料

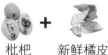 

枇杷	新鲜橘皮	蜂蜜
12 个	20 克	适量

做法

❶ 将枇杷洗净去皮、去核，切块；橘皮撕成小块。

❷ 将枇杷、新鲜橘皮放在榨汁机中，加适量水进行榨汁，榨好后倒入杯中，加入蜂蜜搅拌均匀即可。

禁忌人群

❌ 脾虚腹泻者和糖尿病患者不宜用枇杷榨汁饮用。

功效

　　枇杷（含有多种矿物质和维生素，中医认为，枇杷具有润肺、止咳、化痰的功效）+ **橘皮**（理气燥湿、化痰止咳、健脾和胃）= **止咳化痰，平喘。**

 小提示

久咳咽干，就喝川贝雪梨粥

雪梨 1 个洗净，去皮、去核，切片；糯米 50 克洗净，用水浸泡 4 小时，川贝 10 克洗净。将糯米、川贝、雪梨一起放入锅中熬煮成粥，即可食用。

营养师提醒

　　也可以直接用枇杷加冰糖煎成枇杷汁，同样具有止咳功效。

柿子小档案

性味：性寒，味甘涩
归经：归脾、胃、肺经

柿子柠檬汁

生津健脾，清热润肺

材料

 + + ◯

| 柿子 | 柠檬 | 白砂糖 |
| 1个 | 60克 | 适量 |

做法

❶ 柿子洗净，去蒂、去子、去皮，切成块。

❷ 柠檬洗净，去皮，切成小块。

❸ 将柿子和柠檬块倒入榨汁机中，加凉开水榨成汁。

❹ 加入白砂糖调味即可。

禁忌人群

❌ 糖尿病、慢性胃炎患者不宜用柿子榨汁。

功效

　　柿子（清热润肺、润肠，对慢性支气管炎有辅助疗效）+**柠檬**（生津健脾，化痰止咳）=**清热、止咳、化痰**。

营养师提醒

　　贫血及正在补铁的人最好少吃柿子。

便秘

便秘多与饮食和压力有关，饮食中缺少膳食纤维和水分，或者进食量过小，都容易引起便秘；工作和生活节奏快、精神紧张也是造成便秘的原因之一。另外，老年人身体弱，活动量少，也是造成便秘的原因。

症状表现

大便秘结、腹部胀痛、头晕头疼、睡眠不佳，严重时可引发便血、肛裂。

芦荟
促进大肠的排便功能

草莓
帮助消化，滋补肠胃

胡萝卜
加快肠道蠕动

缓解便秘蔬果

西瓜
利尿通便

菠菜
帮助消化，促进肠道蠕动

菠萝
有利于肠道中益生菌繁殖

香蕉
消食化滞，排便顺畅

红薯
刺激肠道，增强蠕动

芹菜菠萝汁

富含膳食纤维，促进排便

材料

西芹
50克

菠萝
100克

酸奶
100毫升

做法

❶ 菠萝去皮，切小块，放入盐水中浸泡
15分钟；西芹清洗干净，切小段。

❷ 将①中的材料一起倒入榨汁机中，
并放入酸奶搅打均匀后倒入杯中
即可。

功效

芹菜和菠萝均富含大量膳食纤
维，可促进肠胃蠕动，帮助消化及排
便，能有效改善便秘症状。

营养师提醒

表皮呈淡黄色或亮黄色、果香
味浓重的菠萝口感更甜。

第四章 喝去小病痛

香蕉牛奶汁

材料

香蕉	牛奶	蜂蜜
150 克	150 毫升	适量

做法

❶ 将香蕉剥皮，切成小块。

❷ 将香蕉和牛奶一同放入榨汁机中搅打，打好后倒入杯中，调入蜂蜜即可。

功效

香蕉味甘性寒，可清热润肠，促进肠胃蠕动，缓解便秘。

营养师提醒

饮用此款蔬果汁时最好不要食用红薯，否则容易引起腹胀。

多纤蔬果汁

促进肠道蠕动

材料

苹果	菠萝（去皮）	西芹
150 克	100 克	25 克

做法

❶ 苹果洗净，去皮、去子，切成小块；菠萝切成小块，放淡盐水中浸泡约15 分钟，捞出冲洗一下；西芹择洗净，切小段。

❷ 将上述食材一同放入榨汁机里，加入适量饮用水搅打成汁后倒入杯中即可。

功效

苹果有很好的润肠通便作用，菠萝有助消化，西芹能够促进肠道蠕动，三者一起榨汁可改善便秘。

性味：性平，味甘
归经：归脾、胃、大肠经

红薯牛奶汁

帮助排便，促进消化

材料

红薯　　　　牛奶
200 克　　　300 毫升

做法

❶ 红薯洗净，削去外皮，切小块，放入锅中蒸熟，凉凉备用。

❷ 将蒸熟的红薯与牛奶一同放入榨汁机中搅打成汁后倒入杯中即可。

功效

红薯富含水溶性膳食纤维，能促进肠胃蠕动，从而起到通便作用，与牛奶一起打汁饮用，口感润滑，可改善便秘。

营养师提醒

不要选用表面出现黑褐色斑块的红薯，否则容易引起中毒。

第四章　喝去小病痛

贫血

贫血是指血液中血红蛋白的数量较少。铁是构成血红蛋白的重要成分，临床常见的贫血多为缺铁性贫血，就是机体的铁含量减少，必须通过食物和药物进行补充。

症状表现

轻度贫血无明显症状，但有的人会出现头晕、耳鸣、失眠、健忘、食欲减退等症状；严重者则会出现浮肿、毛发干枯等症状。

黑木耳
含铁量最高的食物

樱桃
含铁量高，改善缺铁性贫血

菠菜
富含维生素C和叶酸，预防缺铁性贫血

猕猴桃
促进铁的吸收

防治贫血蔬果

油菜
含有丰富的铁、钙

苹果
富含维生素C，促使铁元素被人体吸收

葡萄
含复合铁元素最多的水果

番茄
促进体内铁元素吸收

樱桃小档案

性味： 性温，味甘、微酸

归经： 归脾、肝经

樱桃汁

预防缺铁性贫血

材料

樱桃
200 克

做法

樱桃洗净，去梗，对切开，去核，放入榨汁机中，加入适量饮用水搅打均匀即可。

禁忌人群

❌ 热性病及虚热咳嗽、便秘者忌食，肾功能不全、少尿者慎食。

功效

樱桃的含铁量在水果中属于比较高的，铁是合成血红蛋白的重要原料，对预防缺铁性贫血有重要意义。

营养师提醒

清洗樱桃的时间不宜过长，更不可长时间浸泡，以免表皮腐化褪色。

猕猴桃蛋黄橘子汁

促进铁吸收

材料

猕猴桃　　橘子　　熟蛋黄
150克　　100克　　1个

做法

① 猕猴桃洗净，去皮，切小块；橘子洗净，去皮、去子，切小块；熟蛋黄弄碎。

② 将上述食材一起放入榨汁机中，加适量饮用水搅打均匀即可。

功效

　　猕猴桃（富含维生素C，能够参与造血，促进机体对铁的吸收）+ 橘子（富含的维生素C能促进铁的吸收）+ 蛋黄（能够给身体补充铁元素）= 补血造血。

营养师提醒

　　因为该饮品所用的水果有酸酸的味道，所以可以根据个人口味另外调入蜂蜜、炼乳等调味。

贫血，就喝猪肝粥

将100克大米放入锅中，加水熬成薄粥，然后放入100克洗净切片的猪肝，加少许葱花、姜片及盐调味，至猪肝熟即可，每日食用1~2次。

草莓菠菜葡萄汁

改善贫血

材料

 + + +

草莓	菠菜	葡萄	蜂蜜
50克	100克	100克	适量

做法

❶ 菠菜洗净、去根，用沸水焯烫一下，捞出凉凉，切段；葡萄洗净，去子切碎；草莓去蒂，洗净切碎。

❷ 将①中的材料放入榨汁机中，加入适量饮用水搅打均匀即可。

功效

菠菜（含有大量的铁）+ 葡萄（含铜）+ 草莓（补血益气佳品）= 促进铁的吸收，有助于改善贫血。

营 养 师 提 醒

樱桃性温热，患热性病及虚热咳嗽者要慎食。

樱桃草莓汁

改善缺铁性贫血

材料

 + +

草莓	樱桃	蜂蜜
60克	10颗	适量

做法

❶ 草莓洗净，用淡盐水浸泡5分钟，去蒂、切块；樱桃洗净，去核。

❷ 把①中的材料放到榨汁机中，榨成汁。然后加入蜂蜜，搅拌均匀即可。

功效

樱桃含铁量丰富；草莓中含有一种胺类物质，调治贫血功效良好。两者榨汁，可以调理缺铁性贫血。

脂肪肝

脂肪肝，是指由于各种原因引起的肝细胞内脂肪堆积过多的病变。致病原因主要是大量摄入高脂肪、高糖类的食物，造成脂肪在肝内过度积蓄，从而使肝脏受损，不能进行正常的活动。

症状表现

轻度脂肪肝没有明显症状表现，做体检可以看出；中、重度脂肪肝有类似慢性肝炎的表现，可有食欲不振、疲倦乏力、恶心、呕吐、肝区或右上腹隐痛等。

番茄
分解脂肪，护肝

葡萄
补益气血，
强肝、保肝

海带
抑制胆固醇吸收，促进排泄

防治
脂肪肝
蔬果

柠檬
清肝，清血

黄瓜
降低血胆固醇和甘油三酯

山楂
促进肉食消化，
帮助胆固醇转化

红薯
富含膳食纤维，降低血中胆固醇

柑橘小档案

性味: 性凉, 味甘酸
归经: 归脾、胃、膀胱经

柑橘荸荠汁

保护肝细胞

材料

柑橘　　　荸荠　　　蜂蜜
150 克　　60 克　　适量

做法

① 柑橘去皮、去子, 切块; 荸荠去皮, 洗净, 切块。

② 将柑橘和荸荠分别放入榨汁机中榨汁, 然后将柑橘汁和荸荠汁混合均匀, 加蜂蜜搅拌均匀即可。

禁忌人群

 脾胃虚寒者不宜食用。

 功效

碱性的蔬果汁能够促进肝脏代谢, 对肝脏起到滋养作用, 还能疏肝养血, 利于损伤的肝细胞修复。

小提示

消除脂肪肝, 就喝海带水
将 100 克海带泡洗干净, 切成小片。将切好的海带片放入 300 毫升矿泉水中, 浸泡一晚, 每日清晨饮用海带水。

营养师提醒

吃柑橘别丢橘络。中医认为橘络能通络化痰、顺气活血, 对慢性支气管炎、冠心病患者有好处。

萝卜番茄消脂汁

材料

白萝卜　　番茄
100 克　　200 克

做法

❶ 将白萝卜洗净，去皮，切成小丁；番茄洗净，去皮，切丁。

❷ 将上述食材放入榨汁机中，加入适量饮用水搅打即可。

功效

　　白萝卜含有丰富的膳食纤维和芥子油成分，可帮助体内脂肪分解，适用于各种类型的脂肪肝；番茄含有维生素 C、番茄红素等成分，而且热量低，可防止毒素对肝细胞的损害。两者榨汁可分解脂肪，保护肝细胞

营养师提醒

　　冬春之交，荸荠和莴苣都可以买到，西瓜成熟稍晚，单用荸荠和莴苣榨汁也可。

西瓜荸荠莴苣汁

材料

西瓜　　荸荠　　莴苣
100 克　300 克　50 克

做法

❶ 将荸荠、莴苣洗净，去皮，切小块。

❷ 用勺子将西瓜瓜瓤掏出，将荸荠块、莴苣块和西瓜瓤一起放入榨汁机中榨汁即可。

功效

　　这款蔬果汁维生素含量丰富，能帮助肝脏及胃肠的代谢。

一杯神奇的蔬果汁

玉米葡萄干汁

材料

 +

玉米楂　　　无子葡萄干
80克　　　　15克

做法

① 玉米楂淘洗干净，用清水浸泡2小时后煮熟；葡萄干用清水泡软，切碎。

② 将上述食材一同倒入榨汁机中，加适量水搅打均匀即可。

功效

　　玉米（含有丰富的硒、镁、胡萝卜素和纤维素，具有保肝护肝、抗氧化、降低胆固醇的作用）+ 葡萄（富含葡萄糖及多种维生素，有补益气血、益肝阴的功效）= 增强肝脏功能，预防脂肪肝。

营养师提醒

　　葡萄干也可以换成鲜葡萄，但搅打前应去子。

第四章　喝去小病痛

93

口腔溃疡

口腔溃疡，就是我们常说的口疮，是一种常见的发生在口腔黏膜上的浅表性溃疡，容易出现在唇、面颊内侧和舌边上。原因可能是油炸、辛辣等食物的刺激，或者缺乏维生素或矿物质，以及系统性疾病、遗传等。

症状表现

口腔黏膜红肿、溃烂、起水泡。

苦瓜
清热退火，治口腔溃疡

西瓜
清热解暑，促进溃疡伤口愈合

白菜
性凉，可去火止溃疡

防治口腔溃疡蔬果

白萝卜
保养口腔，清热去火

柠檬
清新口气，防止口腔溃疡

苹果
富含维生素C，改善口腔溃疡

苹果油菜汁

材料

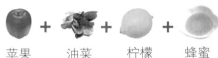

苹果	油菜	柠檬	蜂蜜
100 克	80 克	30 克	适量

做法

❶ 苹果洗净，去皮、去核，切块；油菜洗净，去根，切小段；柠檬去皮、去子，切块。

❷ 将①中的食材一同放入榨汁机中，加入适量饮用水搅打成汁后倒入杯中，加蜂蜜调匀即可。

功效

此款蔬果汁富含 B 族维生素和胡萝卜素，可强化口腔上皮黏膜，有效改善口腔溃疡症状。

缤纷蔬果汁

补充维生素

材料

番茄	菠萝（去皮）	哈密瓜	蜂蜜
80 克	80 克	80 克	适量

做法

❶ 哈密瓜削皮去子，切块；菠萝切成丁，放盐水中浸泡 15 分钟，捞出后冲洗一下；番茄去蒂，洗净，切块。

❷ 将①中的食材一同放入榨汁机中，加入适量饮用水搅打成汁后倒入杯中，加蜂蜜调匀即可。

功效

此款蔬果汁中含有多种维生素，可满足身体对维生素的需求，有效预防口腔溃疡。

湿疹

湿疹是一种常见的皮肤病，表现为肌肤上出现不同程度的皮疹，而且还伴有瘙痒等现象。湿疹的发生与自身免疫力有很大关系。

症状表现

皮肤损伤为多形性，以红斑、丘疹、丘疱疹为主，皮疹中央明显，逐渐向周围散开，境界不清，有渗出倾向。病程不规则，呈反复发作，瘙痒剧烈。

苦瓜
祛湿止痒

柠檬
清热解毒，
去湿止痒

海带
含胶质，
促排毒

防治
湿疹
蔬果

黄瓜
清热利水，消肿
解毒

红枣
促进体内湿
气排出

白萝卜
清热止痒，
解毒

苦瓜柠檬蜂蜜汁

材料

 + +

苦瓜   柠檬   蜂蜜
100 克   30 克   适量

做法

❶ 苦瓜去子，切小块；柠檬洗净，去皮、去子。

❷ 将①中的食材倒入榨汁机中，加入适量饮用水，搅打均匀后倒入杯中，加入蜂蜜搅匀即可。

 功效

    苦瓜含有奎宁，能清热解毒、去湿止痒，对湿疹有很好的缓解作用。

白萝卜甜橙汁

材料

 +

白萝卜   橙子
100 克   150 克

做法

❶ 白萝卜洗净，去皮，切小丁；橙子去皮，去子，切丁。

❷ 将上述食材放入榨汁机中，加入适量饮用水搅打即可。

功效

    白萝卜可以健脾利湿、益肾通利；橙子可以增强体质。

第四章　喝去小病痛

经期不适

经期不适主要指月经不调和痛经。痛经及月经不调多与环境、饮食改变所致的内分泌失调有关。

症状表现

月经不调常表现为：月经先期，月经后期，经期延长，经量稀少，经量多等。

痛经常表现为：经期下腹冷痛，经期腹胀，经期头痛，经期腰部酸痛等。

莲藕
改善月经不调

菠萝
活血化瘀，
调理痛经

紫菜
调理、缓解
痛经

调理月经蔬果

橘子
缓解经期不适

姜
加快血液循环，
调治寒瘀型痛经

山楂
活血化瘀，调理
痛经

圣女果小档案

性味： 性微寒，味甘酸
归经： 归肝、胃、肺经

圣女果圆白菜汁

材料

圣女果　　圆白菜　　芹菜
20 颗　　　4 片　　　1 根

做法

❶ 圣女果洗净，去蒂，切成对半；芹菜洗净，切成小段，留芹菜叶。

❷ 圆白菜摘掉外面的叶子，取新鲜叶子掰成小块。

❸ 将处理好的圣女果、圆白菜和芹菜一块放进榨汁机，加凉开水榨汁即可。

功效

圣女果（维生素含量高）+ 圆白菜（含有叶酸，对贫血的月经失调女性有效）= 缓解经期不适。

营 养 师 提 醒

圣女果春季上市，此时榨汁最好。

第四章　喝去小病痛

99

西蓝花豆浆汁

防止经期便秘

材料

 +

西蓝花　　豆浆
200 克　　400 毫升

做法

❶ 西蓝花洗净，掰成小朵，放沸水中焯烫，凉凉备用。

❷ 把西蓝花和豆浆放入榨汁机中搅打即可。

功效

西蓝花（维生素 C 的含量很高，矿物质的成分也较全面，并且属于高纤维蔬菜，在补充经期营养的同时，还可缓解经期便秘）+ 豆浆（富含优质蛋白和异黄酮，可以补充经期流失的营养，对乳腺癌、骨质疏松有很好的预防功效）= 补充经期营养，缓解不适。

营养师提醒

西蓝花的根部也是很好的食材，含有大量的膳食纤维，能促进肠胃消化。

一杯神奇的蔬果汁

姜枣橘子汁

材料

橘子	红枣	姜
200 克	50 克	10 克

做法

❶ 橘子去皮、去子，切成小块；红枣洗净，去核，切碎；姜洗净，切碎。

❷ 将上述食材一同放入榨汁机，加适量饮用水搅打成汁后倒入杯中即可。

功效

橘子和红枣均富含维生素 C，可以缓解经期不适。此外，红枣还有补血的作用，非常适合经期食用。姜性温，可以暖身祛寒，缓解因受寒而引发的痛经。

菠萝香蕉豆浆

调理经期情志

材料

菠萝	香蕉	豆浆
150 克	50 克	100 毫升

做法

❶ 菠萝去皮，切成小块，用盐水浸泡 10 分钟；香蕉去皮，切成大小与菠萝相同的小块。

❷ 煮沸的黄豆豆浆凉温，倒入榨汁机中，将切好的菠萝和香蕉放入榨汁机中榨成汁就可以。

功效

香蕉富含镁和钙，可促进铁的吸收，并可消除焦虑；菠萝可增加血清素，能缓解月经前的焦躁、头痛及胸部肿胀症状。两者榨汁，可舒缓女性经前和经期情绪。

第四章 喝去小病痛

第五章　喝出五脏健康

五脏健康，身体就会百病不侵。中医认为，五色可以养五脏：红色养心，青绿色养肝，黄色养脾，白色养肺，黑色养肾。用五色蔬果打汁，能够使心肝脾肺肾得到很好的呵护。五脏和谐，人就不容易被疾病盯上。

中医认为，脾胃同为"气血生化之源"，是"后天之本"。脾胃虚弱会导致机体对食物受纳、消化、吸收、转化利用的能力下降，造成人体营养不良、贫血、体虚、免疫力下降等，容易引发各种疾病，因此健脾胃是强身健体的基础。

养脾胃，多吃黄色蔬果

中医认为，黄色对应人体五脏之脾与六腑之胃，黄色蔬果多半味甘、气香，性属土，皆入足太阴脾经、足阳明胃经，黄色蔬果可以保护脾胃健康。

营养学认为，黄色食物中维生素 A、维生素 D 的含量均丰富。维生素 A 能保护肠道、呼吸道黏膜，减少胃炎等疾患发生；维生素 D 有促进钙、磷元素吸收的作用，可以壮骨强筋。

南瓜
健胃消食，保护胃肠黏膜

玉米
可以刺激肠蠕动，预防便秘

土豆
补气，健脾，预防消化不良

菠萝
补脾养胃，帮助消化

黄色蔬果

橙子
健脾胃，消积食

柠檬
生津解暑，开胃醒脾

黄苹果
消热除烦，健胃消食

香蕉
保护胃黏膜，改善胃溃疡

健脾养胃所需营养素

营养素	功效	主要蔬果来源
膳食纤维	帮助肠道蠕动，有利排便	圆白菜、韭菜、南瓜、苹果等
有机酸	增加胃液分泌，促进肠胃蠕动	山楂、橙子、橘子、猕猴桃等
淀粉酶、蛋白酶	分解食物中的淀粉和蛋白质，有助于食物的消化吸收，对消化不良、胃痛、胃溃疡等有很好的效果	山药、木瓜等

蔬果吃对不吃错

❶ 喝应季的蔬果汁，对脾胃有益；用不应季的蔬果打汁，则容易伤脾胃。例如，夏天喝西瓜汁可以消暑解渴，如果冬天服用，就很容易发生呕吐、腹痛或腹泻等症状。

❷ 中医认为，脾胃二脏喜温，畏寒，脾胃虚弱的人不可多喝莼菜、荽瓜、苦瓜、荸荠、香瓜、芒果、梨、香蕉等寒性水果汁，以及各种凉茶、冷饮、冰镇食品，否则会使脾胃更受伤。

❸ 脾胃虚弱的人，应选择平性和温性的蔬菜水果打汁，如：胡萝卜、南瓜、柿子椒、西蓝花、菜花、土豆、山药、红豆、苹果、木瓜、火龙果、榴莲等。

推荐蔬果搭配

☑ 山药  + 苹果
= 健脾养胃，预防胃病

☑ 菠菜 + 胡萝卜
= 促进消化，改善食欲

☑ 菠萝 + 酸奶
= 开胃，助消化

健脾胃小妙方

糯米糊

取 30 克大米、60 克糯米淘洗干净，用清水浸泡 2 小时；将大米、糯米倒入全自动豆浆机中，加适量水混合搅打，米糊做好后加入冰糖搅拌至化开即可。

蔬果小档案

山药：性平，味甘，归脾、肺、肾经

苹果：性平，味甘，微酸，归脾、肺经

营养师提醒

　　山药皮含有皂角素，黏液里含有植物碱，有些人接触山药后会因过敏而皮肤发痒，因此处理山药时应避免直接接触。

山药苹果汁

健脾养胃

材料

 + +

山药 100 克　　苹果 150 克　　脱脂酸奶 300 毫升

做法

❶ 山药去皮，洗净，切小块，入沸水中焯烫一下，然后捞出，凉凉备用；苹果洗净，去皮、去核，切小块。

❷ 将山药、苹果和酸奶一起放入榨汁机中搅打即可。

禁忌人群

❌大便燥结者不宜食用山药。

功效

　　山药（含有多糖类物质和淀粉酶，能够改善肠胃功能，保护胃壁，预防胃炎）+ 苹果（健脾益胃，适用于胃阴亏虚，阴虚胃痛）+ 酸奶（富含活性益生菌，可增加肠道益生菌，助消化）= 健脾胃、润肠道，防治胃病。

小提示

1 杯菠萝汁，可解油腻

吃了油腻食物，可在餐后饮用 1 杯菠萝汁，能够开胃顺气、解油腻、帮助消化；吃 2 块菠萝，也有同等功效。

菠萝酸奶

材料

菠萝
150 克 + 酸奶
200 毫升 + 蜂蜜
适量 + 盐
少许

做法

❶ 菠萝去皮，切小块，入盐水浸泡 15 分钟。

❷ 将菠萝块倒入榨汁机中，搅打均匀后倒入杯中，加入酸奶、蜂蜜、盐拌匀即可。

功效

　　酸奶可健脾胃、助消化，增加肠道益生菌；菠萝有开胃、助消化的作用，两者榨汁饮用，可改善便秘。

第五章　喝出五脏健康

养护心脏

中医认为，人体是以五脏为中心的。《黄帝内经·素问》中就说"心者，君主之官也，神明出焉"，"主明则下安"，就像君王龙体安康则朝廷稳定一样，心的功能正常则其他脏腑才会健康。反之，心功能不正常，各个脏腑功能也会失常。

红色蔬果最养心

按照中医五行学说，红色为火，为阳，故红色食物进入人体后可入心、入血，红色食物大多具有益气补血的作用。

营养学认为，红色食物还能为人体提供丰富的优质蛋白质和许多矿物质、维生素以及微量元素，能大大增强人的心脏和气血功能。因此，经常食用一些红色蔬果，对增强心脑血管活力、提高免疫功能颇有益处。

可经常食用的红色蔬果，有以下几种。

胡萝卜 增加冠状动脉血流量，降低血脂

红枣
去除自由基，
保护心脑血管

番茄
降低血胆
固醇

红薯
调补心气，
治心虚多汗

山楂
增强心肌收
缩力

西瓜
降低血脂，软化血管

红色蔬果

养心安神所需营养素

营养素	功效	主要蔬果来源
钙、钾、镁、铁	是天然的神经稳定剂，能有效舒缓人的紧张和抑郁情绪，缓解疲劳	菠菜、葡萄、西芹、柠檬等
维生素C	对神经官能症、更年期综合征引起的心悸、失眠、多梦有较好效果	百合、生菜、白菜、苹果等

蔬果吃对不吃错

❶ 喝红色蔬果汁最养心气，如草莓、番茄、红薯、西瓜汁等。

❷ 可以常吃一些苹果。因为苹果富含纤维物质，可补给人体足够的纤维质，降低心脏病发病率，还可以减肥。

❸ 中医认为，苦味的蔬果可以养心护心。平时应该多吃一些苦瓜、苦菜、莴苣等苦味食物。

❹ 夏季是一年中气温最高的季节，在夏季人的心气最容易损耗，所以夏季养生要重视养心神。在夏季多吃一些养心的蔬菜、水果，可使心脏不受损伤。

推荐蔬果搭配

☑ 番茄 + 西瓜

= 养心护心，预防中暑

☑ 草莓 + 山楂

= 软化血管，保护心脏

☑ 红薯 + 苹果

= 保持血液流动通畅，预防心血管疾病

养心安神小偏方

红枣枸杞豆浆：养护心肌

45克黄豆用清水浸泡10~12小时，洗净；20克红枣洗净，去核，切碎；10克枸杞子洗净，用清水泡软。将这些食材一起倒入全自动豆浆机中，加水至上、下水位线之间，按下"豆浆"键，煮至豆浆机提示豆浆做好即可。

生菜西瓜汁

镇定精神，舒缓情绪

材料

 + +

生菜　　西瓜（去皮）　　蜂蜜
100 克　　50 克　　适量

做法

❶ 生菜洗净，撕小片；西瓜去子，切小块。

❷ 将生菜和西瓜放入榨汁机中，加入适量饮用水搅打，打好后加入蜂蜜调匀即可。

 功效

西瓜（除烦止渴、养心安神）+ 生菜（消除疲劳、镇定精神、舒缓情绪）= 适合在精神状态不佳时饮用。

小提示

红枣葱白汤：可解心烦多梦

将 20 克红枣洗净，用水泡一会儿，再煎煮 20 分钟；然后加入洗净的葱白 6 根，继续用小火煎煮 10 分钟，吃枣喝汤。可调治心烦引起的失眠多梦。

一杯神奇的蔬果汁

红枣苹果汁

养心安神

材料

 + +

苹果
300 克　　红枣
50 克　　蜂蜜
适量

做法

❶ 苹果洗净，去皮、去核，切丁；红枣洗净，去核，切碎。

❷ 将①中的食材放入榨汁机中，加入适量饮用水搅打，打好后加入蜂蜜调匀即可。

功效

红枣入脾、胃、心经，可以养心安神，与营养丰富的苹果搭配效果更佳。

绿茶苹果饮

降低心脏病发生率

材料

 + +

苹果
300 克　　绿茶粉
15 克　　蜂蜜
适量

做法

❶ 苹果洗净，去皮、去核，切丁，放入榨汁机中，加入适量饮用水搅打成汁。

❷ 苹果汁打好后倒入杯中，加入蜂蜜和绿茶粉调匀即可。

功效

苹果含有维生素 C，可以保护心血管。绿茶中的茶多酚、黄烷醇等成分可促进人体的脂质代谢，防止脂肪在血管壁上沉积，保证心脏供血畅通。

养肝护肝

中医认为，肝主疏泄。肝具有维持全身气机疏通畅达、通而不滞、散而不郁的作用。如果肝失疏泄，人的气机就会变得不畅，肝气郁结，就会出现胸闷乳胀、乳房疼痛等。中医还认为，肝开窍于目，如果肝血不足，眼睛就会出现问题。

养肝，多吃绿色蔬果

中医认为，绿（青）色对应人体五脏之肝，绿色蔬果可以滋补肝脏。所以，要想肝脏健康，就要多吃一些绿色蔬果，绿色蔬果有缓解疲劳、舒缓肝郁、防范肝疾、保健明目、提高免疫功能等功效。

荠菜 止血，适合于慢性肝病

芦荟
清热利湿，
祛肝火

黄瓜
促进肠道毒
素排泄，
降低胆固醇

绿色蔬果

韭菜
促进肝脏排毒，
呵护肝脏

青葡萄
调整肝脏细胞的功能，抵
御或减少自由基对身体的
伤害

猕猴桃
护肝，防癌，养颜

护肝所需营养素

营养素	功效	主要蔬果来源
维生素	保护肝细胞，防止毒素对肝细胞的损害	黄瓜、番茄、葡萄、山楂等
膳食纤维	有利于代谢废物的排出，调节血脂、血糖水平	芹菜、萝卜、苹果、梨等

蔬果吃对不吃错

❶ 中医认为，青绿色食物益肝气。平时多吃一些绿颜色的蔬菜、水果可以呵护肝脏，例如菠菜、韭菜、油菜、绿葡萄、青苹果等。

❷ 中医认为，酸味入肝。常吃一些酸味的蔬果，例如山楂、草莓等，可以护理肝脏，防治肝病。

❸ 辣椒、葱、蒜等辛辣刺激食物，会刺激胃黏膜，从而加重肝脏负担。所以，应该少吃这类食物。

养肝护肝八守则

　　少吃高胆固醇食物；减少油脂的摄取；少吃加工类食物；多吃富含膳食纤维的谷类；多吃新鲜的蔬果；每天适量饮水；每天睡足 8 小时；每天散步 30 分钟。

推荐蔬果搭配

☑ 黄瓜 + 苹果 🍎
= 清除肝火，防止肝硬化

☑ 胡萝卜 🥕 + 梨 🍐
= 改善肝功能，增强身体抵抗力

☑ 芹菜 + 猕猴桃
= 除烦解郁，保肝护肝

☑ 芦荟 + 香瓜 🍈
= 清肝泄热，保护肝脏

黄瓜柠檬饮

降低胆固醇，呵护肝脏

材料

黄瓜
200 克
+
柠檬
50 克

做法

❶ 黄瓜洗净、切丁；柠檬去皮，切块。

❷ 将黄瓜、柠檬放入榨汁机中，加入适量饮用水搅打均匀即可。

禁忌人群

❌ 黄瓜性凉，脾胃虚弱、腹痛、腹泻及肺寒咳嗽者尽量少用黄瓜榨汁饮用。

柠檬小档案

性味：性平，味酸、辛
归经：归脾、胃、肺经

营 养 师 提 醒

清淡低糖的饮料，适合控制体重者饮用。

功效

黄瓜含有丙醇二酸，能抑制体内糖类物质转化为脂肪，可减少体内的脂肪堆积。此外，黄瓜还含有膳食纤维，能够促进肠道中的废物排出，有助于降低血胆固醇和甘油三酯。

小提示

柠檬作调料：去腥除腻
烹饪有膻腥味的食品，可将鲜柠檬片或柠檬汁在起锅前放入锅中，能去腥除腻。

一杯神奇的蔬果汁

胡萝卜梨汁

材料

| 胡萝卜 | 雪梨 | 蜂蜜 |
| 60克 | 100克 | 适量 |

做法

❶ 胡萝卜洗净，切小段；雪梨洗净，去皮、去核，切块。

❷ 将切好的食材一起倒入榨汁机中，加入适量饮用水搅打成汁，倒入杯中后加入蜂蜜搅匀即可。

禁忌人群

❌ 这款果汁性寒凉，脾胃虚寒的人不适合喝。

功效

梨可清热降火、润肺、美容护肤，和胡萝卜一起榨汁，可以改善肝功能，增强身体抵抗力。

功效

玉米（含有丰富的硒、镁、胡萝卜素和纤维素，可以保肝护肝、抗氧化、降低胆固醇）+ **葡萄**（葡萄富含葡萄糖及多种维生素，有补益气血的功效，有强肝、保肝效果）= **增强肝功能，预防脂肪肝**。

玉米葡萄汁

增强肝功能，预防脂肪肝

材料

| 玉米糁 | 葡萄 |
| 80克 | 20克 |

做法

❶ 将玉米糁淘洗干净，用清水浸泡2小时后煮熟；将葡萄子去掉。

❷ 将上述食材一同倒入榨汁机中，加适量饮用水搅打成汁即可。

肺是身体内外气息的交换场所，通过扩张将新鲜空气吸入肺中，然后呼出肺中的浊气，完成一次气体交换。中医讲，肺为娇脏，意思是肺最容易被入侵，从而出现各种不适。而很多蔬菜、水果本身就具有润肺的功能。

白色食物入肺，可适当多吃

根据中医五行理论，肺脏与白色相对应，所以吃白色食物可以收到良好的养肺效果。白色食物可以滋阴润肺，保护肺部不受伤。

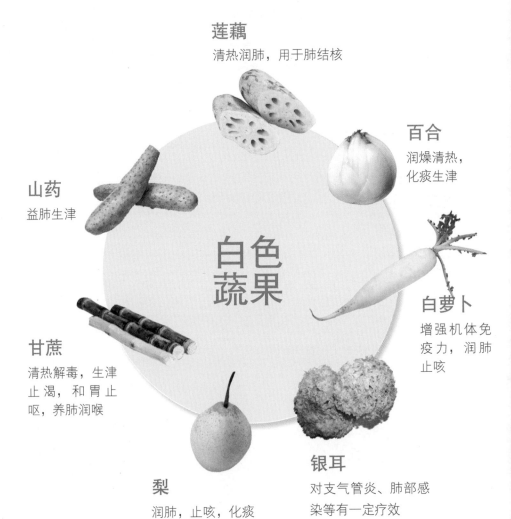

莲藕
清热润肺，用于肺结核

百合
润燥清热，
化痰生津

山药
益肺生津

**白色
蔬果**

白萝卜
增强机体免疫力，润肺止咳

甘蔗
清热解毒，生津止渴，和胃止呕，养肺润喉

梨
润肺，止咳，化痰

银耳
对支气管炎、肺部感染等有一定疗效

护肺所需营养素

营养素	功效	主要蔬果来源
维生素 C	清热润燥	莲藕、菜花、雪梨、百合等
膳食纤维	有利于代谢废物的排出，调节血脂、血糖水平	芹菜、萝卜、苹果、梨等
钙、铁、钾	去痰止咳	芹菜、菠菜、白菜、葡萄等
鞣酸	润肺清心、清痰降火	梨、黄瓜等

蔬果吃对不吃错

❶ 滋养肺脏，主要是防燥。宜选用具有养阴生津功效的蔬果榨汁，如梨、银耳、萝卜、绿色蔬菜等。

❷ 中医认为，白色食物入肺，具有养肺的功效。尤其是在秋高气爽的时节，更要注重肺的保养，选择以润肺为主的蔬果，达到润肺补肺的目的，例如百合、梨、荸荠等。

❸ 少食辛辣、刺激性食物，例如葱、姜、蒜等。

推荐蔬果搭配

☑白萝卜 ＋莲藕
= 润肺祛痰，生津止咳

☑百合 ＋圆白菜
= 保护肺功能

☑鲜桃 ＋柿子
= 清热去燥，润肺化痰

怎样吃白色蔬果不伤脾胃

利用白色蔬果养肺要根据自身情况采用恰当做法。因为白色蔬果性偏寒凉，生吃容易伤脾胃，对于脾胃虚寒（表现为腹胀、腹泻、喜食热、怕冷等）的人来说，水果可以适当加热，蔬菜可以做熟再吃，这样可减轻蔬果的寒凉之性，既养肺又不伤脾胃。

宣肺理气小妙招

按揉胸部

以一手中指指面沿锁骨下肋骨间隙由内向外适度按揉，以有酸胀感为宜，自第1、第2肋间，第2、第3肋间顺序而下。坚持按揉胸部，可以宽胸理气、宣肺平喘。

百合圆白菜汁

清肺热

材料

百合　　　圆白菜叶　　蜂蜜
30 克　　　40 克　　　适量

做法

❶ 鲜百合用手掰开，洗净；圆白菜叶洗净，撕为小块。

❷ 将掰好的鲜百合与圆白菜叶一同放入榨汁机中，倒入凉开水榨汁。

❸ 榨好汁后，根据个人口味，在蔬果汁中加适量蜂蜜调味即可。

禁忌人群

❌ 百合性寒，不宜多食，否则会伤肺气。

功效

百合和圆白菜都有很好的保护肺功能的作用，这款蔬果汁适合肺热的人饮用。

山药蜜奶

益肺健脾护肝

材料

山药　　　牛奶　　　蜂蜜
100 克　　400 毫升　　适量

做法

❶ 山药去皮，洗净，切小块，入沸水中焯烫一下，然后捞出凉凉备用。

❷ 将山药块、牛奶一同放入榨汁机中搅打成汁后倒入杯中，加蜂蜜调匀即可。

禁忌人群

❌ 山药有收敛作用，所以感冒患者、大便燥结及肠胃积滞者忌用。

功效

山药含有大量淀粉、蛋白质、维生素、黏液质等，可健脾除湿，补气益肺，固肾益精，润泽肌肤。

一杯神奇的蔬果汁

荸荠生菜梨汁

滋润肺脏，止咳化痰

材料

荸荠	梨	生菜	蜂蜜
300 克	1 个	50 克	适量

做法

❶ 荸荠洗净，去皮，切两半；梨去皮，去核，切成块；生菜洗净撕片。

❷ 将处理好的荸荠、梨、生菜一起倒入榨汁机中，倒入少量饮用水，搅打成汁。

❸ 根据个人口味，在蔬果汁中加适量蜂蜜调味即可。

荸荠小档案

性味：性寒，味甘
归经：归肺、胃经

功效

荸荠（清热生津、化湿祛痰、温中益气）+ 梨（滋阴润肺，保护肺脏）+ 生菜（可促进人体吸收，提高免疫力）= 清肺润肺，止咳化痰。

小提示

久咳咽干怎么办？

取大白梨 1 个，蜂蜜 50 克。将白梨洗净，从上部切开一个三角形的口，然后将里面的核掏出来。将蜂蜜直接填入，放入蒸锅中蒸熟后食用。

补肾益肾

中医认为，肾是人的先天之本，能调节体内水液，并决定人的生殖功能和大小便排泄。肾主封藏，人体的先天之精源于父母，后天之精是脾胃等脏器化生水谷精微所得，而这一切都封藏于肾，用于生长、发育、生殖。

黑色食物：补肾的佳品

中医认为，黑色食物入肾经，多可益肾强身。要想肾不亏虚，就在平时多吃些黑色食物。

黑米
补肾气，健脾活血，明目

板栗
补肾气，强腰膝

黑豆
祛风除热，调中下气，解毒利尿

黑色蔬果

黑芝麻
滋补肝肾，养血明目

紫菜
清热利水，补肾健体

紫葡萄
补益气血，通利小便

黑枣
滋补肝肾，润燥生津

肾虚是怎么回事

肾虚类型	肾虚表现
肾阳虚	畏寒怕冷、面色黑黄或苍白、精神萎靡、头晕目眩、腰膝酸软、小便清长、夜尿增多、排尿无力、尿后余沥不尽、腹胀腹泻、性欲减退，男子阳痿早泄、遗精滑精，女子宫寒不孕、带下清稀量多等
肾阴虚	口干舌燥、五心（两个手心、两个脚心、一个心口）烦热、两颧发红、口唇红赤、盗汗、大便干结、小便短赤等，男子遗精早泄，女子经少、闭经等
肾气不固	精液、白带、孕胎异常，小儿出现遗尿，成人昼尿频多、尿后余沥不尽、夜尿清长、小便失禁、大便滑脱、久泻不止等
肾精不足	小儿发育迟缓、囟门迟闭、身材矮小、智力低下、动作迟缓、骨骼痿软、牙齿松动脱落等

推荐蔬果搭配

☑ 番茄 + 橙子

= 护肾，利尿

☑ 南瓜 + 芝麻

= 补肝肾，润五脏

☑ 海带 + 黄瓜

= 利尿消肿，养肾护肾

强肾小妙招

捏拉耳垂法

两手分别轻捏双耳的耳垂，再搓摩至发红发热。然后揪住耳垂往下拉，再放松。每天2~3次，每次20下。此方法可以促进耳朵的血液循环，健肾壮腰。

桂圆枸杞红枣汁

材料

桂圆	枸杞	红枣	白砂糖
50克	20克	5颗	适量

做法

❶ 将桂圆和枸杞洗干净，去子备用。

❷ 将所有食材倒入锅中，加水煮到水减少一半的时候关火。

❸ 待冷却后倒入榨汁机中榨汁即可。

营养师提醒

桂圆不宜多吃，否则容易导致上火、便秘、有发炎症状的人不适合食用。

营养师提醒

有上火发炎症状者不宜饮用这款饮品。

桂圆芦荟汁

补肾，消肿，止痒

材料

桂圆	芦荟	冰糖
60克	100克	适量

做法

❶ 桂圆去皮、去核，芦荟洗净，去皮。

❷ 将桂圆、芦荟放入榨汁机，加适量饮用水榨汁，放入冰糖溶化即可。

功效

这款蔬果汁能够补养肾脏，消肿止痛，还可以调补气血。

桑葚葡萄乌梅汁

健脾益肾，补气养血

材料

桑葚	葡萄	乌梅	蜂蜜
100克	100克	50克	适量

做法

① 桑葚洗净；葡萄洗净，去子，切碎；乌梅洗净，去核，切碎。

② 将①中的食材一同放入榨汁机中，加入适量饮用水搅打成汁后倒入杯中，加入蜂蜜调匀即可。

蔬果小档案

桑葚：性寒，味甘、酸，归肝、肾经
乌梅：性平，味酸、涩，归肝、脾、肺、大肠经

功效

这款蔬果汁用黑色水果打制，富含蛋白质、维生素C、铁、维生素E等，有补肾养血的功效。

营养师提醒

黑色食物富含花青素，有抗氧化、防衰老的作用。

补气养血

气虚常导致血虚，血虚亦常伴气虚，因此气血补养应同时兼顾。补气血，最好的方法就是多摄取补心气、补脾胃、补肺气、养肝阳的食物。

饮食调理是益气养血较快的途径

饮食调理是益气养血较快的途径，常吃些具有益气养血功效的食物，对补养气血很有益。饮食重点是：食物尽量烹调得细软一些；多吃富含优质蛋白质的食物，如豆类、鱼类等；常食用含铁丰富的食物，如绿色蔬菜等。另外，不要经常大量食用会耗气的食物，如生萝卜、空心菜、胡椒等；忌食生冷寒凉的食物，忌食油腻、辛辣的食物。

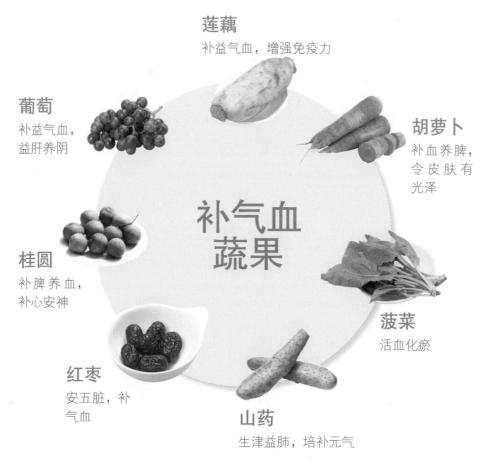

莲藕
补益气血，增强免疫力

葡萄
补益气血，
益肝养阴

胡萝卜
补血养脾，
令皮肤有
光泽

补气血蔬果

桂圆
补脾养血，
补心安神

菠菜
活血化瘀

红枣
安五脏，补
气血

山药
生津益肺，培补元气

补气养血所需营养素

营养素	功效	主要蔬果来源
铁	血红蛋白的主要构成元素，影响体内血红蛋白的合成	菠菜、芹菜、菜花、豇豆、樱桃、草莓、水蜜桃、苹果、菠萝等
维生素C	促进铁吸收	番茄、西蓝花、南瓜、芹菜、油菜、草莓、香蕉、柠檬、橘子等
叶酸	制造红细胞所需营养素	菠菜、圆白菜、葡萄、哈密瓜等

蔬果吃对不吃错

1 常吃些含铁丰富的蔬果，例如海带、紫菜、菠菜、芹菜、油菜、番茄、葡萄干、杏、枣、橘子等。

2 不要经常大量食用会耗气的蔬菜、水果，如生萝卜、空心菜、山楂、胡椒等。

3 忌吃生冷寒凉的蔬果，例如猕猴桃、西瓜等；忌食辛辣的食物。

4 吃活血养血的蔬果，可多食山楂、黑木耳等。

推荐蔬果搭配

☑ 桂圆 + 红枣
= 健脾、补血、益气

☑ 胡萝卜 + 梨
= 补气血，养脾胃

☑ 草莓 + 葡萄
= 促进红细胞生成，可预防贫血

补气养血小妙方

黑木耳红枣汤：活血化瘀，温暖肢体

如果经常感到手脚冰凉，畏寒怕冷，这是气血亏虚的表现。可以取黑木耳20克、红枣15枚，将黑木耳洗净泡发好，和红枣一起煮汤服用。坚持服用，效果较好。

菠菜小档案

性味：性凉，味甘
归经：归肠、胃经

胡萝卜菠菜梨汁

除肝火，健脾胃

材料

| 胡萝卜 50 克 | + | 菠菜 100 克 | + | 雪梨 50 克 | + |
| 苹果 25 克 | + | 柠檬 30 克 | + | 蜂蜜 适量 |

做法

① 胡萝卜洗净，切小段；菠菜焯水后过凉水，然后切小段；雪梨、苹果洗净，去皮、去核，切块；柠檬去皮、去子。

② 将①中的食材一起倒入榨汁机中，加入适量饮用水，搅打成汁，倒入杯中，加入蜂蜜搅匀即可。

营养师提醒

这款果汁还可补充水分和体力，适合剧烈运动后饮用。

功效

胡萝卜富含 β－胡萝卜素和维生素C，菠菜含铁、钙、维生素C和维生素K，梨清热降火、润肺、美容护肤，合而榨汁，可清除肝火，强健脾胃。

一杯神奇的蔬果汁

葡萄柠檬汁

材料

葡萄	柠檬	蜂蜜
250 克	60 克	适量

做法

❶ 葡萄洗净，切成两半后去子；柠檬去皮、去子，切块。

❷ 将①中的食材倒入榨汁机中，倒入适量饮用水，搅打成汁，倒入杯中，加入蜂蜜搅匀即可。

功效

葡萄（葡萄中的果酸有助于消化，能健脾温胃）+ 柠檬（健脾化痰）= **开胃消食，调理脾胃。**

功效

草莓能促进红细胞的生成，有预防贫血的作用；葡萄柚能滋养组织细胞，增强体力。两者榨汁，可活血化瘀，预防贫血。

草莓葡萄柚汁

调气血，防贫血

材料

 + +

草莓	葡萄柚	蜂蜜
50 克	150 克	适量

做法

❶ 葡萄柚洗净，去皮、去核，切块；草莓洗净，去蒂，切块。

❷ 将①中的食材一同倒入榨汁机中，加入适量饮用水搅打成汁后倒入杯中，加入蜂蜜调匀即可。

第六章

喝出一身轻松

你有时候是不是感觉食欲缺乏，吃饭不香？或是经常失眠，时常感到疲劳？或是经常健忘、记忆力不好？头发经常脱落？……这些症状在提醒你：身体已经出现了亚健康。你可以喝些蔬果汁来调理自己的身和心，使自己轻松摆脱亚健康的困扰，阳光快乐地面对生活。

食欲不振

食欲不振是指进食的欲望偏低，中医称为"恶食""厌食"，一些严重食欲不振的患者一看到食物就会呕吐恶心。一般，食欲与脾、胃、肠、肝的功能密切相关，脾、胃、肠、肝的功能失调就会导致积食不化、恶心呕吐。

饮食规律，缓解没有食欲

日常饮食要有规律，而且要注意食物营养的合理搭配，食物种类尽量丰富一些，米饭、面食、鱼类、肉类、豆类、蛋类、牛奶、蔬菜都要食用。

番茄
促进排泄，
增进食欲

南瓜
促进肠胃
蠕动，开
胃消食

菠萝
健胃消食

促进
食欲
蔬果

胡萝卜
促进新陈
代谢，帮
助消化

山楂
促进消化

苹果
开胃消食

菠萝苦瓜猕猴桃汁

消除胃胀

材料

菠萝　　苦瓜　　猕猴桃　　蜂蜜
150克　　60克　　50克　　　适量

营养师提醒

　　榨汁最有利于苦瓜中营养物质的吸收，减肥效果也较好。

功效

　　这款果汁富含维生素C和膳食纤维，能促进消化、养颜排毒，使肌肤保持亮泽。

做法

❶ 将菠萝、猕猴桃去皮，将菠萝放盐水中浸泡10分钟，均切成小块；苦瓜洗净，去子，切成小块。

❷ 将①中的原料和纯净水放进榨汁机搅打，调入蜂蜜即可。

番茄苹果汁

材料

 + +

番茄　　　苹果　　　冰糖
150克　　 100克　　 5克

做法

❶ 番茄去蒂、洗净，切小块；苹果洗净，去皮和核，切小块。

❷ 将①中的食材和适量饮用水一起放入榨汁机中搅打，打好后加入冰糖调匀即可。

功效

　　番茄（含有维生素C、番茄红素，有健胃消食、增进食欲的功效）+ 苹果（富含维生素C、膳食纤维等）= 增进食欲，预防便秘。

小提示

平时吃些什么食物，可以激发食欲？

可适当吃一些酸甜口味的食物，例如山楂、话梅、草莓、甜橙等，都有一定的开胃效果。

营养师提醒

　　直接食用苹果时最好不要削皮，因为苹果中的果胶成分大多在皮和近皮部分。

一杯神奇的蔬果汁

山楂红枣汁

消食化积

材料

 + +

红枣
100 克

山楂
100 克

冰糖
适量

营养师提醒

根据自己喜欢的酸甜口感来放冰糖。

 功效

山楂中含有的解脂酶能促进脂肪类食物的消化，可促进胃液分泌，达到消食化滞、健脾益胃的功效。

做法

1. 山楂洗净，去核，切碎；红枣洗净，去核，切碎。
2. 将山楂、红枣一同放入榨汁机中，加入适量饮用水搅打成汁后倒入杯中，加入冰糖调匀即可。

失眠

失眠是指无法入睡或无法保持睡眠状态，导致睡眠不足，又称入睡和维持睡眠障碍，包括各种原因引起的入睡困难、睡眠深度不足或频度过短、早醒，以及睡眠时间不足或质量差等。

改善睡眠，不要依赖失眠药

不要一出现失眠就服用安眠药，这样对身体不好，可以在睡前半小时喝1杯牛奶或安神蔬果汁。平时坚持锻炼身体，养成良好的睡眠习惯。饮食有规律，多吃蔬菜水果和补脑安神的食物，如红枣、核桃、小米等。

莴苣
镇静安神

芹菜
平衡改善
睡眠

菠萝
改善失眠

改善
睡眠
蔬果

生菜
镇痛催眠

芒果
可缓和紧张引
起的失眠

香蕉
安抚神经，促进
睡眠

生菜梨汁

安神催眠，凉血清热

材料

 + +  +

生菜   雪梨   柠檬   蜂蜜
100克   100克   30克   适量

做法

❶ 生菜洗净，撕小片；雪梨、柠檬洗
净，去皮，去核，切小块。

❷ 将①中的食材倒入榨汁机中，加入
适量的水，搅打均匀后倒入杯中，
加入蜂蜜搅匀即可。

禁忌人群

❌ 脾胃虚寒、腹部冷痛和血虚者，不
可多饮此款蔬果汁，以免伤脾胃。

功效

生菜（清热安神、镇痛催眠）+
雪梨（凉心降火、养阴清热）= 缓解
神经衰弱引起的失眠。

小提示

睡前喝牛奶，提高睡眠质量

睡前喝1杯牛奶，可使睡眠质量大大
提高；或用1汤匙醋倒入1杯冷开水
中饮用，可以催眠并使人睡得香甜。

营养师提醒

生菜储藏时应远离苹果、梨和
香蕉，以免诱发赤褐斑点。

芒果小档案

性味：性凉，味甘、酸
归经：归肺、脾、胃经

芒果蜂蜜牛奶饮

缓和精神，镇静催眠

材料

 + +

芒果　　　脱脂牛奶　　蜂蜜
200 克　　300 毫升　　适量

做法

❶ 芒果去皮、核，将果肉切成小块。

❷ 将芒果、牛奶放入榨汁机里搅打，
打好后加入蜂蜜调匀即可。

功效

　　芒果（含钙，与神经传导功能有
密切关系，可缓和紧张精神）+ **牛奶**
（含有钙、色氨酸等成分，可镇静催
眠）+ **蜂蜜**（含有果糖、葡萄糖、钙、
镁等，可调节神经系统，促进睡眠）
= 安神补脑，催眠。

营 养 师 提 醒

　　将芒果去皮切成小块吃，并且
吃后及时漱口、洗脸，可有效预防
吃芒果过敏。

一杯神奇的蔬果汁

葡萄柚柠檬芹菜汁

缓解疲劳，助眠

材料

 + +

葡萄柚　　　柠檬　　　芹菜
100克　　　半个　　　100克

做法

❶ 将西芹的茎和叶分开，柠檬切片，葡萄柚去皮去子。

功效

　　柠檬和葡萄柚一起榨汁饮用，有利于缓解疲劳、便秘，还有养颜排毒的功效。

营养师提醒

　　柠檬一般不用来生吃，而是用来加工食品。

❷ 先将柠檬和葡萄柚榨汁，再将西芹的茎和叶榨成汁。

❸ 将果汁混合后倒入杯中，加适量白砂糖即可。

健忘

健忘是指记忆力差、遇事易忘的症状。引起健忘的原因最主要是年龄。此外，健忘的发生还有外部原因，持续的压力和紧张会使脑细胞产生疲劳，从而使健忘症恶化；过度吸烟、饮酒、缺乏维生素等也可以引起暂时性记忆力差。

改善健忘，药补不如食补

如果想改善健忘状况，首先作息要有一定的规律，尤其要保证充足的睡眠；甜食和咸食容易引起记忆力下降，要少吃；可多吃富含维生素、矿物质、膳食纤维的蔬菜水果。

菠菜
含有大量叶绿素，
可健脑益智

黄花菜
安神解郁的
"忘忧草"

核桃
补脑益智，
改善健忘

**增强
记忆力
蔬果**

菠萝
生津，提神

桃
增强记忆力

橘子
消除大量酸性食物
对神经系统的危害

黑芝麻南瓜汁

健脑益智

材料

 +

南瓜
200 克

熟黑芝麻
25 克

做法

① 南瓜去子，洗净，切小块，放入蒸锅中蒸熟，去皮，凉凉备用。

② 将南瓜和黑芝麻放入榨汁机中，加入适量饮用水搅打均匀即可。

 功效

南瓜（含有丰富的可溶性膳食纤维、维生素等，可增强记忆力）＋黑芝麻（含有蛋白质、卵磷脂、不饱和脂肪酸等，可活化脑细胞）＝健脑益智，增强记忆力。

禁忌人群

❌ 慢性肠炎及腹泻患者不宜饮用。

营养师提醒

榨此蔬果汁时，最好将黑芝麻碾碎，这样黑芝麻中的营养才易于被吸收。

菠菜雪梨汁

材料

菠菜　　　　雪梨　　　　蜂蜜
100 克　　　150 克　　　适量

做法

❶ 菠菜洗净，焯水后过凉，切小段；雪梨洗净，去核，切小块。

❷ 将①中的食材放入榨汁机中，加入适量饮用水搅打，打好后加入蜂蜜调匀即可。

禁忌人群

❌ 此蔬果汁性凉，畏寒、腹泻、手脚发凉的人不可多吃。

功效

生菜（清热安神、镇痛催眠）+ 雪梨（凉心降火、养阴清热）= **缓解神经衰弱引起的健忘。**

小提示

健忘就喝葡萄干粥

葡萄干 50 克，粳米 100 克，白糖适量。将葡萄干洗净，用清水略泡，冲洗干净，粳米淘洗干净。锅内放入清水、葡萄干、粳米，先用大火煮沸后，再改用小火煮至粥成，用白糖调味即可。

营养师提醒

菠菜最好现买现吃。菠菜放置时间一长，其所含的维生素 C 就会流失。

一杯神奇的蔬果汁

疲劳无力

疲劳无力是指精神困倦、肢体酸软无力。中医认为，疲劳最主要是由脾虚湿困、气血两虚造成的。当饮食不当等原因造成脾虚后，会影响食物的消化吸收，出现营养缺乏、肌肉无力等症状。

缓解疲劳饮食原则

疲劳无力时，除了要注意休息、保持充足睡眠外，还要注意用饮食补充能量，调理身体。平时可以多吃一些富含 B 族维生素、维生素 C 以及蛋白质的食物，如苹果、香蕉等水果及绿叶蔬菜。

菠菜
提高肌肉耐力，
加速体力恢复

橙子
缓解疲劳，
恢复体力

紫甘蓝
缓解疲劳、
抗氧化能
力强

抗疲劳蔬果

葡萄
为身体提供
抗疲劳的葡
萄糖

胡萝卜
缓解眼疲劳

苹果
维持体内血糖
水平，抗疲劳

香蕉
缓解疲劳，
快速恢复体力

草莓小档案

性味：性凉，味甘、酸
归经：归脾、胃、肺经

营养师提醒

　　一次不宜饮用太多，不然容易使胃肠功能紊乱，导致腹泻。

草莓葡萄柚乳酸饮

增强细胞活力

材料

 + + +

草莓　　葡萄柚　　酸奶　　蜂蜜
100克　　150克　　100毫升　　适量

做法

❶ 草莓去蒂，洗净，切块；葡萄柚去皮，切小块。

❷ 将①中的食材和酸奶一同放入榨汁机中，加入适量饮用水搅打成汁后倒入杯中，加蜂蜜调匀即可。

功效

　　草莓（含有丰富的维生素C，可促进饮食中铁质的吸收，美容抗疲劳）+ 葡萄柚（含有多种维生素，可以缓解疲劳，放松神经）+ 酸奶（可缓解烦躁的心情）= 缓解疲劳，使神经放松。

▶ 小提示

搓动手掌就可缓解疲劳
将两手掌相合，来回快速搓动10 ~12秒，使掌心产生热感，再将双手摇动8 ~10次。

芒果牛奶饮

补充体力，缓解疲劳

材料

芒果	香蕉	牛奶	白糖
150 克	1 根	200 毫升	10 克

功效

　　此款饮品蛋白质和碳水化合物含量丰富，可补充体力、强健骨骼、缓解疲劳。

做法

❶ 芒果去皮、去核，切小块；香蕉去皮，切小块。

❷ 将①中的食材同牛奶一同放入榨汁机中，搅打成汁后倒入杯中，加入白糖搅拌至化开即可。

营养师提醒

　　此饮品可快速补充能量，适合体力劳动者在消耗大量体力后补充营养。

菠萝香橙豆浆饮

中和体内酸性物质

材料

 + +

橙子　　菠萝（去皮）　　豆浆
100 克　　100 克　　　　300 毫升

 功效

　　橙子和菠萝含有丰富的维生素和矿物质，豆浆中富含钙。这款饮品能缓解疲劳，中和体内引发疲劳的酸性物质。

做法

❶ 将橙子去皮，切小块；菠萝切小块，放淡盐水中浸泡约 15 分钟，捞出冲洗一下。

❷ 将①中的食材和豆浆一同放入榨汁机中搅打成汁后倒入杯中即可。

营 养 师 提 醒

　　此款饮品糖分较多，糖尿病患者不宜饮用。

一杯神奇的蔬果汁

过敏

过敏是一种机体的变态反应，是人对正常物质（过敏原）的一种不正常的反应。当过敏原接触到过敏体质的人群才会发生过敏，过敏原有花粉、粉尘、异体蛋白、化学物质、紫外线等几百种。

缓解过敏饮食宜忌

1. 饮食宜清淡。
2. 忌食刺激性食物。
3. 不饮酒。
4. 忌食发物和易致过敏的食物，如海鲜等。

丝瓜
抗过敏性物质

柠檬
可减轻过敏症状

油菜
保护呼吸道黏膜，改善皮肤过敏

抗过敏蔬果

木瓜
抑制过敏

胡萝卜
有效预防花粉过敏症、过敏性皮炎

橘子
含维生素C，维生素C是抗过敏药的主要成分

菠菜
增强机体抗过敏能力

丝瓜小档案

性味：性凉，味甘
归经：归肝、胃经

丝瓜汁

材料

丝瓜　　蜂蜜
1根　　适量

做法

❶ 将丝瓜洗净，去皮，切成小块。

❷ 将丝瓜倒入榨汁机中，加适量凉开
水榨汁，调入适量蜂蜜即可。

禁忌人群

❌ 体内虚寒、腹泻的人不宜用丝瓜
榨汁。

功效

　　丝瓜中含有一种抗过敏性物质——
泻根醇酸，有很强的抗过敏作用。

小提示

丝瓜宜现切现榨汁
丝瓜汁水丰富，宜现切现榨汁，以免营
养成分随汁水流失。

营养师提醒

　　如果夏季暑热，此蔬果汁中可
以加入冰块，口感更好。

白萝卜油菜汁

改善皮肤过敏症状

材料

| 油菜 | 白萝卜 | 牛奶 | 蜂蜜 |
| 100克 | 150克 | 150毫升 | 适量 |

做法

❶ 油菜洗净，去根，切小段；白萝卜去皮，洗净，切块。

❷ 将①中的食材和牛奶一同放入榨汁机中搅打成汁后倒入杯中，加蜂蜜调匀即可。

功效

这款蔬果汁富含蛋白质、维生素C和胡萝卜素等，可保护呼吸道黏膜，预防和改善皮肤过敏症状。

生姜橘子苹果汁

抑制过敏症状

材料

| 生姜 | 橘子 | 苹果 |
| 10克 | 150克 | 50克 |

做法

❶ 生姜洗净，切碎；橘子去皮，切小块；苹果洗净，去核，切块。

❷ 将处理好的生姜、橘子和苹果放入榨汁机中，倒入凉开水，用榨汁机打磨细腻即可。

功效

生姜能对抗炎症，橘子中的维生素C是抗过敏药的主要成分，苹果可减轻过敏症状，三者榨汁可提高机体的抗过敏能力。

眼睛疲劳

眼睛的明亮与否，视力好坏均与饮食营养有密切的关系。例如，视网膜专门负责暗视觉的细胞含有特殊的视紫质，对微弱光线极为敏感。视紫质是由蛋白质和维生素 A 合成的，一旦缺乏便会引起夜盲症、白内障等眼病。

营养物质充足，眼才明亮

保护眼睛，在饮食中一定要注意营养物质的补充，宜常吃新鲜的黄绿色蔬菜、新鲜水果，多吃些深海鱼；不吸烟、喝酒；不吃辛辣刺激性食物。

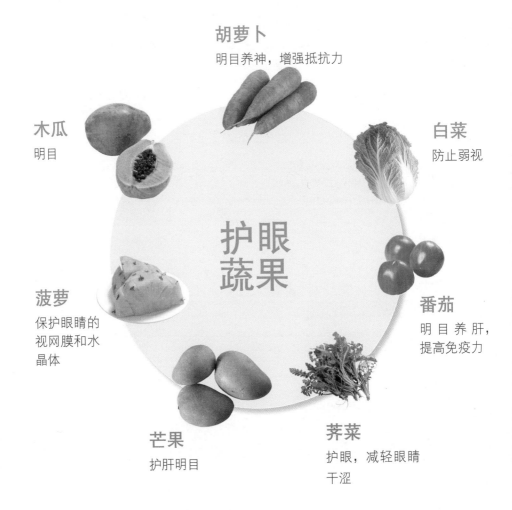

胡萝卜
明目养神，增强抵抗力

木瓜
明目

白菜
防止弱视

护眼
蔬果

菠萝
保护眼睛的视网膜和水晶体

番茄
明目养肝，提高免疫力

芒果
护肝明目

荠菜
护眼，减轻眼睛干涩

保护眼睛所需营养素

营养素	功效	主要蔬果来源
维生素 A	预防眼干、视力衰退、夜盲症	西胡芦、南瓜、胡萝卜、芒果、哈密瓜等
B 族维生素	视觉神经的营养来源之一，防止视疲劳和角膜炎的发生	油菜、黄瓜、莴苣、橘子等
钙	保证视力的正常发育，钙缺乏是导致近视的原因之一	芹菜、小白菜、香蕉、芒果等

蔬果吃对不吃错

❶ 常吃含维生素 A 丰富的食物。维生素 A 和胡萝卜素有助于补肝明目，缓解眼睛疲劳。含胡萝卜素丰富的食物有胡萝卜、绿叶蔬菜、南瓜、红心甘薯等。绿叶蔬菜富含 B 族维生素，可防止出现疲劳、头晕等。

❷ 食用充足的含钙和锌的蔬果。含钙高的有海带、黑木耳、绿叶蔬菜等；锌可以增强人体免疫力，富含锌的食物有坚果等。

❸ 多吃防辐射的食物。脂肪酸、维生素 A、维生素 K、维生素 E 及 B 族维生素都是防辐射的好帮手，草莓、菜心、圆白菜、茄子、扁豆、胡萝卜、黄瓜、番茄、香蕉、苹果等含有以上成分。

❹ 葱、大蒜、辣椒等食物刺激性大、热性也大，容易伤害视神经，加重眼睛的损伤，不宜多吃。

推荐蔬果搭配

☑ 胡萝卜 + 枸杞
= 滋补肝肾，养睛明目

☑ 番茄 + 芒果
= 缓解视觉疲劳

☑ 木瓜 + 芒果
= 缓解眼睛干涩

☑ 胡萝卜 + 苹果
= 护眼，促进消化

保护眼睛小动作

按摩承泣穴

承泣穴位于眼下七分处，眼眶骨上陷中。以手指指面或指节向下按压，并做圈状按摩，可缓解眼睛疲劳，预防眼部疾病。

胡萝卜枸杞汁

枸杞小档案

性味：性平，味甘
归经：归肝、肾经

材料

 + +

胡萝卜　　　枸杞　　　蜂蜜
100 克　　　15 克　　　适量

做法

❶ 胡萝卜洗净，切丁；枸杞洗净，泡 5 分钟。

❷ 将①中的食材一同放入榨汁机中，加入适量饮用水搅打成汁后倒入杯中，加蜂蜜调匀即可。

禁忌人群

❌ 脾虚腹泻者不要用枸杞子榨汁，也不宜喝枸杞子泡的茶。

营养师提醒

　　冬季的胡萝卜最新鲜，所以冬季榨胡萝卜汁更美味。枸杞子泡水可作为日常保健饮品。

功效

　　胡萝卜（富含能在人体内转变成维生素 A 的胡萝卜素，具有保护眼睛、抵抗传染病的功效）+ **枸杞**（养肝明目，补血养心）= **养肝护眼**。

▶ **小提示**

对于经常用眼的上班族，怎样保护自己的眼睛不受伤害？

常喝菊花茶能有效缓解眼睛疲劳。最好选择小杭白菊，喝时直接泡水就可以。每次菊花的用量以 5 克左右为宜。

一杯神奇的蔬果汁

胡萝卜苹果芹菜汁

保护眼睛，促进消化

材料

 + +

胡萝卜
80克　　苹果
100克　　芹菜
50克

+

柠檬
30克　　蜂蜜
适量

 功效

　　此款蔬果汁富含维生素和矿物
质，可保护眼睛、促进消化、补养脾
胃、滋润皮肤。

做法

❶ 胡萝卜、芹菜洗净，切小段；苹果洗
　净，去皮、去核，切块；柠檬去皮、
　去子。

❷ 将❶中的食材一起倒入榨汁机中，
　加入适量饮用水，搅打成汁后倒入
　杯中，加入蜂蜜搅匀即可。

上火

上火的原因很多，可能是天气过热，也可能是工作压力大或事情烦心而上火，还有可能是吃了容易上火的食物。中医认为，上火根据部位分为心火、肺火、肝火、胃火、肾火。在日常的饮食调理中，可以有针对性地选择寒凉性质的食材。

很多"火"都是吃出来的

很多"火"都是吃出来的，我们还可以把"火"吃回去。多喝水，多吃流质食物，如果汁、豆浆、牛奶等饮品，可以养阴润燥，弥补损失的阴津；多吃蔬菜和性质偏凉的水果，可生津润燥、败火通便；多吃酸味、苦味的食物，可败火；同时，还要少吃辣味食物和油炸食品，如炸鸡腿、炸里脊等，这些食物会伤阴助燥，加重火气对人体的伤害。

苦瓜
清热去心火，利尿凉血

梨
润肺，消暑，清热

莴苣
清热解毒，消炎杀菌

去火蔬果

西瓜
清热祛火，润肺化痰

芹菜
清热利水，凉血

草莓
润肺去火，凉血解毒

去火降火所需营养素

营养素	功效	主要蔬果来源
维生素 B	清热解毒，清火降火	油麦菜、油菜、菠菜、橘子等
维生素 C	清火祛火，缓解压力	樱桃、柿子、草莓、猕猴桃、西蓝花、番茄、苹果、菠萝等

蔬果吃对不吃错

❶ 常吃清火的水果和蔬菜，如黄瓜、番茄、梨、橙子、西瓜等。这些水果和蔬菜除了含有大量水分，还富含维生素、矿物质和膳食纤维，这些营养素都有清热解毒的作用。

❷ 多吃有助于预防便秘的蔬菜水果，以促进胃肠蠕动，减少便秘的发生，防止上火。例如：芦荟、草莓、胡萝卜、菠菜、西瓜、红薯等。

❸ 注意补充水分。多饮水，尤其要多饮白开水，以补充身体因上火而消耗的水分，并清理肠道、排除废物，防止火气在体内越来越旺。如果感觉白开水淡而无味，也可以喝柠檬水或者菊花、金银花茶。

❹ 少吃辛辣、性热等易上火的蔬果，例如葱、姜、大蒜等。

推荐蔬果搭配

☑ 苦瓜 ＋柠檬
= 除邪热，解疲乏，清心明目

☑ 芹菜 ＋柚子
= 清热除烦

☑ 西瓜 ＋香蕉
= 清热降火，润肺化痰

☑ 苹果 ＋梨
= 清热解暑

去火降火小偏方

米醋泡梨：缓解上火引起的咽喉肿痛

取沙梨 2 个洗净，带皮用米醋浸泡半小时，然后捣烂，榨汁取液，慢慢咽服。早晚各 1 次，有助于缓解上火引起的咽喉肿痛。

香蕉小档案

性味：性寒，味甘
归经：归肺、大肠经

西瓜香蕉汁

清热降火，润肺化痰

材料

 +

西瓜　　香蕉
100克　　1根

做法

❶ 用勺子将西瓜的瓜瓤挖出，去子；香蕉去皮，切成小段。

❷ 将西瓜和香蕉放入榨汁机中搅打榨汁即可。

禁忌人群

❌ 西瓜和香蕉性寒，所以脾胃虚寒的人不宜经常饮用这款果汁。

 功效

西瓜（清热降火、润肺化痰）+香蕉（清热止咳、清胃凉血）=降肺火。

营 养 师 提 醒

夏季饮用西瓜香蕉汁，可以消暑降火。

▼ **小提示**

去火喝点什么茶效果好？

上火的人可以适当喝点苦丁茶、菊花茶、桑叶茶、莲子心茶、甘草茶、金莲花茶等。

一杯神奇的蔬果汁

橘柚生菜汁

清热除火，改善睡眠

材料

橘子	葡萄柚	生菜	蜂蜜
100克	100克	100克	适量

营养师提醒

　　选购葡萄柚时，要选择水分多的。最好的办法是拿在手中掂一下，如果沉而厚实，就代表果汁含量丰富。

功效

　　生菜（含有莴苣素，可消烦清热、催眠）+**葡萄柚、橘子**（可提供丰富的维生素、矿物质）=**清热除火，提高睡眠质量。**

做法

❶ 葡萄柚去皮、去子，切小块；橘子去皮、去子，切小块；生菜洗净，撕小块。

❷ 将上述食材放入榨汁机中，加入适量饮用水搅打，打好后调入蜂蜜即可。

第七章

四季保养
蔬果汁

每一个春秋冬夏，蔬果都会成为你不变的守候。中医有"春养肝，夏养心，秋养肺，冬养肾"的养生原则，根据这个原则，选择美味蔬果来打汁，既可以荣养五脏，又能够培补身心，何乐而不为呢？

春 季
温补养阳，呵护肝脏

春季，天气逐渐转暖，万物开始复苏。中医认为，人体在春季"由静转动，阳气渐升"，因此，春季需要适当补充可以益气升阳的营养物质。

春季养生推荐蔬果

韭菜
增强人体的脾胃之气

菠菜
解毒，防春燥

苹果
抵抗感冒病毒

春季蔬果

蒜
预防呼吸道感染

草莓
赶走春困

红枣
滋养脾胃，
提供热量

葱
增进食欲，
杀菌防病

春季重在养肝

中医认为，人的健康与自然界的四季是相互关联的。春天与五脏中的肝对应。春天是万物复苏的季节，人体的肝也是主生发、向上的，所以春天是肝旺之时。在春季，趁势养肝，可以对肝病有防治作用。春季也是肝病容易生发的季节，所以平时有肝病的人在春季要防止旧病复发。人有七情变化，七情不畅则会影响肝的疏泄和阳气升发，使得脏腑功能紊乱、疾病丛生。因此，春季养生要注重精神调理，保持心胸开阔，情绪乐观，以使肝气顺达、气血调畅，达到防病保健之目的。

春季所需营养素

营养素	功效	主要蔬果来源
胡萝卜素	强化表皮细胞的防护功能，阻止病原体侵入	胡萝卜、南瓜、哈密瓜、芒果等
维生素C	增强抵抗力	西蓝花、番茄、油菜、樱桃、草莓、猕猴桃、橘子等
B族维生素	促进细胞新陈代谢功能	油菜、莴苣、橘子等
维生素E	提高机体免疫力，增强抗病能力	菜花、菠菜、草莓等
蛋白质	使体力得到补充	芹菜、菜花、哈密瓜、芒果等

推荐蔬果搭配

☑ 胡萝卜  + 橘子
　＝促进人体新陈代谢，增强抵抗力

☑ 番茄 + 西瓜
　＝帮助消化

☑ 菠菜  + 哈密瓜
　＝养肝护肝

实用小偏方

含漱金银花：缓解咽喉疼痛

取金银花15克，放入砂锅内，加入适量清水，煎煮约10分钟，去渣取汁。待凉后分次含漱，每天早晚各1次，一次煎煮的剂量可服用2天。金银花有清热解毒、疏散风热、疏利咽喉、消肿止痛的作用，可缓解春季常见的上呼吸道感染症状。

黑芝麻 小档案

性味： 性平，味甘
归经： 归肝、肾、肺、脾经

西蓝花芝麻汁

材料

 + +

熟黑芝麻　　西蓝花　　蜂蜜
30 克　　　150 克　　适量

做法

❶ 西蓝花洗净，掰成小朵，焯水后过凉。

❷ 将西蓝花、黑芝麻一同放入榨汁机，加入适量饮用水搅打成汁后倒入杯中，加蜂蜜调匀即可。

禁忌人群

❌ 患有慢性肠炎、便溏腹泻者忌食黑芝麻。

 功效

　　西蓝花（含有维生素 C、胡萝卜素等营养成分，能增强肝脏的解毒能力，提高机体免疫力）+ 黑芝麻（富含维生素 E、不饱和脂肪酸等，能起到护肝的作用）= 养肝护肝、提高免疫力。

▶ **小提示**

在春季，如何缓解"春困"？
缺少维生素 C 是引起"春困"的原因之一，所以春季应多吃含维生素 C 较多的食物，如胡萝卜、菜花、卷心菜、甜椒、芹菜、春笋等。

营养师提醒

　　西蓝花的根部也是很好的食材，含有大量的膳食纤维，能刺激肠胃蠕动，榨汁时应一起选用。

一杯神奇的蔬果汁

生姜小档案

性味：性温，味辛
归经：归肺、脾、胃经

苹果菠萝生姜汁

消炎，防过敏

材料

 + +

苹果　　　菠萝（去皮）　　生姜
300 克　　　150 克　　　25 克

做法

❶ 苹果洗净，去皮、去核，切丁；菠萝切成丁，放淡盐水中浸泡约 15 分钟，然后捞出冲洗一下；生姜切碎。

❷ 将上述食材一同放入榨汁机中，加入适量饮用水搅打成汁后倒入杯中即可。

功效

苹果含有多种植物营养素，能够抗菌，防过敏；生姜含有姜醇、姜烯、柠檬醛和芳香油等成分，可刺激内循环系统，消炎镇痛。

营养师提醒

挑选淡黄色或亮黄色、果香味浓重的菠萝，因为其营养更丰富。

第七章　四季保养蔬果汁

夏 季
养心安神，清热防暑

夏季是阳气最盛的季节，往往伴随着暑热、潮湿。人们常见食欲下降，加上出汗较多，营养损耗大，易造成津液流失。因此，夏季要吃消热利湿、清心降火的食物。

夏季养生推荐蔬果

黄瓜
生津解渴，清热解毒

苦瓜
清热解毒，
消炎祛火

樱桃
养心护心，
呵护心血管

番茄
减少血中低密度
脂蛋白的氧化，
保护心脑血管

桃子
防止血液凝结，
保护心血管

夏季
蔬果

西瓜
清热解暑，
祛烦止渴

一杯神奇的蔬果汁

162

夏季重在养心

夏季天气炎热，昼长夜短，气候干燥，中医认为夏季在五行中属火，对应的脏腑为"心"。夏季养生的一大关键就是养"心"，但中医所说的"心"并不是单指"心脏"，而是包括心脏在内的整个神经系统甚至精神心理系统。夏季，人体代谢处于一年中最旺盛的时期。暑热过盛，极易耗伤心阴，应以清补淡补为主，遵循利湿消暑、清火养阴、化湿运脾的原则，多吃具有养心安神、发汗泻火之效的食物。

夏季所需营养素

营养素	功效	主要蔬果来源
维生素 C	增强抵抗力	油菜、小白菜、番茄、西瓜、苹果、樱桃、柠檬等
维生素 E	提高机体免疫力，增强抗病能力	菠菜、菜花、草莓、猕猴桃、石榴等
B 族维生素	促进细胞新陈代谢功能	苦瓜、油菜、莴苣、橘子等
膳食纤维	刺激胃肠蠕动，润滑肠道	白菜、萝卜、芹菜、菠萝、苹果、芒果、杨桃等
蛋白质	使体力得到补充	芹菜、菜花、哈密瓜、芒果等

推荐蔬果搭配

☑ 胡萝卜 ＋ 苹果
= 开胃消食，加强免疫力

☑ 芦荟 ＋ 西瓜
= 消暑热，解烦渴

☑ 西芹 ＋ 苹果
= 养心安神

实用小偏方

绿豆莲子粥：清热降火，解毒

绿豆 30 克淘洗干净，用清水浸泡 4~6 小时；10 克莲子洗净；20 克大米淘洗干净。锅放置火上，倒入适量清水烧开，下入大米、绿豆、莲子，煮至米、豆熟烂即可。

百合小档案

性味： 性微寒，味甘、微苦
归经： 归心、肺经

营养师提醒

打汁时，芹菜的嫩叶也要一起打，因为芹菜叶所含的维生素C比芹菜茎还多。

百合西芹苹果汁

养心安神

材料

 + + +

| 西芹 | 鲜百合 | 苹果 | 柠檬汁 |
| 25克 | 50克 | 300克 | 适量 |

做法

❶ 西芹洗净，切成小段；鲜百合掰开，洗净；苹果洗净，去皮、去核，切丁。

❷ 将①中的食材一同放入榨汁机中，加入适量饮用水搅打成汁后倒入杯中，加柠檬汁调匀即可。

禁忌人群

❌ 脾胃虚寒者不宜多食百合。

功效

西芹（富含镁元素，能够维护心肌纤维的舒缩功能和冠状动脉的弹性，是心脏的"保护神"）+ 百合（清心安神）+ 苹果（能够缓解精力不足，安定神经）= 安定心神，保护心脏。

小提示

荷叶薏米粥：少得空调病
取鲜荷叶10克，加水800毫升，煮沸后，小火再熬20分钟，将渣滤掉，取汁液，与薏米100克煮成稀粥，每天吃1剂。

西瓜黄瓜汁

生津止渴，利尿消肿

材料

西瓜	黄瓜	蜂蜜
300 克	150 克	适量

做法

❶ 西瓜去皮、去子，切小块；黄瓜洗净，切小块。

❷ 将①中的食材倒入榨汁机中，加入适量饮用水，搅打成汁后倒入杯中，加蜂蜜调匀即可。

功效

生津止渴，利尿消肿，降低血压。

营养师提醒

黄瓜尾部含有较多的苦味素，有抗癌作用，所以吃黄瓜时不要将黄瓜尾部完全丢掉，要带些尾部一起榨汁。

番茄葡萄苹果饮

保护血管健康

材料

番茄	葡萄	苹果	蜂蜜
100 克	100 克	100 克	适量

做法

❶ 番茄洗净切小丁；葡萄洗净，去子；苹果洗净，去核，切丁。

❷ 将①中的食材放入榨汁机中，加入适量饮用水搅打，打好后倒入杯中，加入蜂蜜即可。

功效

番茄含有丰富的胡萝卜素，可保护血管；苹果富含维生素 C 和膳食纤维；葡萄富含抗氧化物。

秋 季
滋阴养肺，生津润燥

秋季，天气逐渐转凉，空气越来越干燥，人体代谢也渐趋平缓。《饮膳正要》说："秋气燥，宜食麻，以润其燥。""润其燥"正是秋季的进补之法。

秋季养生推荐蔬果

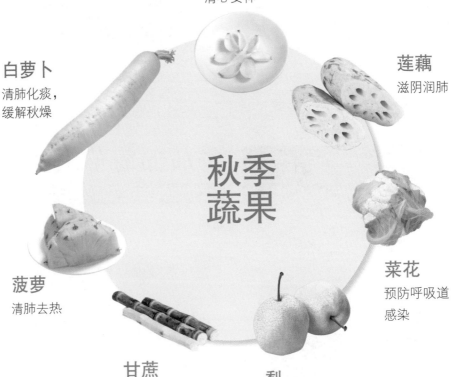

百合
补肺润肺，
清心安神

白萝卜
清肺化痰，
缓解秋燥

莲藕
滋阴润肺

秋季蔬果

菜花
预防呼吸道
感染

菠萝
清肺去热

甘蔗
清肺润喉，
缓解咽喉疼痛

梨
生津润肺，
滋阴润燥

秋季重在养肺

中医学强调，秋季是肺当令的季节。肺喜润而恶燥，秋季气候干燥，最容易损伤肺，因此，这一季节尤其要注意对肺的保养，预防肺病。肺是非常娇嫩的器官，它喜"湿"不爱"干"，因此，一定要从内部调养，给它足够的水分。

中医研究得出，肺与皮肤黏膜密切相关。肺得滋润，皮肤也会亮丽润泽。肺是人体十二经脉之始，如果肺气衰弱不仅会导致呼吸困难，而且易感外邪引发其他疾病。所以，秋天应当注意天气的变化，保护好肺气。

秋季所需营养素

营养素	功效	主要蔬果来源
胡萝卜素	防止病原体侵入	胡萝卜、南瓜、哈密瓜等
维生素 A	增强呼吸系统及黏膜功能，提高免疫力，预防感冒	胡萝卜、甜菜、红薯、南瓜等
维生素 C	增强抵抗力	番茄、白萝卜、莲藕、柚子、樱桃、猕猴桃等
B 族维生素	促进细胞新陈代谢	小白菜、油菜、莴苣等
蛋白质	补充体力	草莓、哈密瓜、芒果、梨等

推荐蔬果搭配

☑ 小白菜 + 苹果

= 预防心血管疾病，排毒养颜

☑ 南瓜 + 橘子

= 除秋燥，防感冒

☑ 胡萝卜 + 番茄

= 增强人体抵抗力，预防疾病

实用小偏方

银耳百合羹：滋阴润肺，预防秋燥

银耳 15 克用清水泡发，择洗干净，撕成小朵；鲜百合 30 克洗净；枸杞子 5 克洗净。锅放置火上，放入银耳和适量清水，大火烧开后转小火煮至汤汁浓稠，下入鲜百合和枸杞子略煮，加适量冰糖煮至化开即可。

雪梨小档案

性味： 性凉，味甘、微酸
归经： 归肺、胃经

雪梨汁

清热生津

材料

雪梨
300 克

做法

① 雪梨洗净，去子，切小丁。

② 将雪梨放入榨汁机中，加入适量饮用水，搅打成汁后倒入杯中即可。

禁忌人群

❌脾胃虚寒者不宜饮用。

 功效

　　雪梨可生津润燥，清热化痰，润肺止咳，对急性气管炎和上呼吸道感染引起的咽喉干痛等症状，有缓解作用。

小提示

秋季咳喘复发怎么办？
将 30 克白果仁和 15 克冰糖一同放入锅内煮，煮到白果仁熟透即可，喝汤吃白果，每日 1 次。

营 养 师 提 醒

　　用梨止咳化痰时，不宜选择味道太甜的梨。

一杯神奇的蔬果汁

黄瓜雪梨山楂汁

滋阴清肺，缓解秋燥

材料

| 黄瓜 | 雪梨 | 山楂糕 | 蜂蜜 |
| 100克 | 100克 | 50克 | 适量 |

做法

❶ 雪梨洗净，去皮、去核，切小块；黄瓜洗净，切小块；山楂糕切小块。

❷ 将①中的食材一同放入榨汁机中，加入适量饮用水搅打成汁后倒入杯中，加蜂蜜调匀即可。

 功效

润肺止咳，缓解秋燥。

营 养 师 提 醒

打汁时，黄瓜最好不要削皮去子。黄瓜皮中含有丰富的胡萝卜素，黄瓜子中含有较丰富的维生素E。

萝卜莲藕汁

养阴生津

材料

| 白萝卜 | 莲藕 | 冰糖 |
| 100克 | 150克 | 适量 |

做法

❶ 白萝卜、莲藕洗净，去皮，切块。

❷ 将白萝卜、莲藕一同放入榨汁机中，加入适量饮用水搅打成汁后倒入杯中，加入冰糖调匀即可。

营 养 师 提 醒

吃白萝卜时最好不去皮，因为萝卜皮中含有钙等营养成分。

 功效

莲藕、白萝卜可以润肺止咳，止渴；冰糖可养阴生津，缓解肺燥咳嗽。

冬季

补肾养阳，防寒暖身

中医认为，肾经在冬天最为活跃，可调节机体以适应严冬变化，防止寒气侵袭。因此，冬季进补需坚持"补肾阳、去寒邪"，为来年做好准备。

冬季养生推荐蔬果

胡萝卜
含有胡萝卜素，增强人体耐寒力

香菇
温肾补阳，御寒助暖

桂圆
补养心肾

冬季蔬果

栗子
补肾壮阳，防寒暖身

核桃
强身健体，益肾助阳

荔枝
益肾养血，增强体质

冬季重在养肾

《素问·四气调神大论》中说："冬三月，此谓闭藏，水冰地坼，无扰乎阳。"冬三月草木凋零，兽藏虫伏，是自然界万物闭藏的季节。五脏之中，肾是主藏的脏腑，在肾脏中藏有充足的精气，来年的身体才能健康。若肾脏虚弱，则无法调节机体适应严冬的变化，更无法为来年春季的到来提供物质基础。现代中医研究认为，肾气与人体免疫功能有着密切的关系，冬季养肾不仅能增强人体抵御寒冷的能力，而且还可提高人体免疫力和抗病力，延缓衰老。因此，冬季养生以护肾为主。

冬季所需营养素

营养素	功效	主要蔬果来源
胡萝卜素	防止病原体侵入	胡萝卜、南瓜、哈密瓜、芒果等
维生素A	增强呼吸系统及黏膜功能，提高免疫力，预防感冒	胡萝卜、甜菜、西胡芦、南瓜等
维生素C	增强抵抗力	芹菜、白菜、红枣、香蕉、苹果等
B族维生素	促进细胞新陈代谢	油菜、莴苣、橘子等
蛋白质	补充体力	芒果、哈密瓜、梨等

推荐蔬果搭配

☑芦荟  ＋桂圆
　＝补气养血，滋润肌肤

☑南瓜 ＋红枣
　＝润肠通便，促进消化

☑胡萝卜 ＋苹果
　＝防寒暖身

实用小偏方

南瓜红枣汁：让身体驱走寒冷

南瓜300克去皮、去子，切成小块，蒸熟；红枣10个洗净，去核。将所有原料放入榨汁机搅打均匀即可饮用。

第七章　四季保养蔬果汁

桂圆胡萝卜芝麻汁

桂圆小档案

性味： 性温，味甘
归经： 归心、脾经

材料

 +  + +

熟黑芝麻	鲜桂圆	胡萝卜	蜂蜜
50克	150克	100克	适量

做法

❶ 桂圆去皮和核，切碎；胡萝卜洗净切丁。

❷ 将①中的食材连同黑芝麻一同放入榨汁机中，加入适量饮用水搅打成汁后倒入杯中，加蜂蜜调匀即可。

禁忌人群

❌ 虚火旺盛、风寒感冒、消化不良、内有痰火者不宜饮用。

 功效

黑芝麻（含有蛋氨酸，可以提供耐寒必需的甲基，而且黑色入肾，黑芝麻还有补肾功效）＋**胡萝卜**（可以提高机体耐寒力）＝**补肾保暖、抗寒**。

 小提示

苁蓉羊肉粥：冬季补肾妙方
冬季是护肾的最佳时令，可选取肉苁蓉10克，精羊肉200克，大米200克。将肉苁蓉、精羊肉切细。肉苁蓉加水煮后去渣滤汁，入羊肉、大米同煮，待粥将成，加盐、姜末、葱花煮至沸腾即可。

营 养 师 提 醒

10~11月是胡萝卜成熟的时候，新鲜的胡萝卜营养更佳。

胡萝卜苹果姜汁

材料

 + +

胡萝卜　　苹果　　生姜
100克　　300克　　25克

做法

❶ 苹果洗净，去皮、去核，切丁；胡萝卜洗净，切丁；生姜切碎。

❷ 将上述食材一同放入榨汁机中，加入适量饮用水搅打成汁后倒入杯中即可。

功效

暖身、御寒、护体。

功效

此款蔬果汁富含维生素及矿物质，可护肾防寒，提高机体免疫力。

营 养 师 提 醒

这款蔬果汁富含胡萝卜素、柠檬酸、苹果酸、钙、铁、果胶，身体容易疲劳的人，更适宜经常饮用。

番茄香橙汁

护肾防寒

材料

 + +

番茄　　香橙　　蜂蜜
150克　　80克　　适量

做法

❶ 番茄洗净，去皮，切块；香橙去皮、去子，切块。

❷ 将①中的食材一起倒入榨汁机中，加入适量饮用水搅打，搅打均匀以后倒出，调入蜂蜜即可。

第七章　四季保养蔬果汁

第八章 特色蔬果汁

忙碌的时代、快节奏的生活，出现了越来越多的特殊人群：经常面对电脑的白领、时常加班熬夜的人、在外就餐者、烟瘾族、饮酒族……他们忙于五花八门的工作和应酬，却常常忽视了自己的健康。忙碌之余，喝一杯蔬果汁，可以使不同的人得到很好的调理，不给健康留下隐患。

电脑一族

脑力劳动者从事脑力劳动，一般肌肉活动较少，容易受到各种职业病的侵袭。自制蔬果汁能够给大脑补充营养，提高大脑的工作效率，还有助于缓解身体疲劳。

电脑族所需营养素

营养素	功能	主要蔬果来源
胡萝卜素	防辐射，保护眼睛，促进皮肤健康	胡萝卜、南瓜等
维生素 B_1	消除疲劳、稳定情绪	芹菜、莴苣、土豆等
维生素 C	防辐射、抗衰老、保护滋润皮肤	橘子、蓝莓、柠檬、猕猴桃等

胡萝卜 抗辐射，缓解眼睛疲劳

番茄
保护肌肤，防止皮肤老化

芹菜
缓解压力，消除焦虑

电脑族适用蔬果

橘子
防辐射，抗衰老，保护皮肤

菠萝 去油解腻，防治便秘

猕猴桃
清热，祛火，生津

苹果土豆泥

防辐射，预防亚健康

材料

苹果
100克
＋
土豆
150克
＋
核桃仁
10克

小提示

海带紫菜汤，可防电脑辐射

取50克海带泡洗干净，切丝。锅置火上，加入适量清水，先将海带丝放入锅中煎煮，然后将5克紫菜放入锅中煎煮20分钟，最后加入盐和香油搅拌均匀。

功效

土豆可健脾养胃、减肥、利水消肿，在给上班族提供能量的同时，还能润肠，预防亚健康。

做法

❶ 土豆洗净，上锅蒸熟后去皮，切小块；苹果洗净，去核，切小块。
❷ 将切好的苹果、土豆倒入榨汁机后，加入适量饮用水搅打细腻。
❸ 将核桃仁撒在蔬果泥上即可。

营养师提醒

土豆富含淀粉，此食物可以代替部分主食来食用。

特色蔬果汁

番茄橘子柠檬汁

防辐射，护眼，护肤

材料

 + +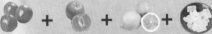

番茄 150 克　　橘子 100 克　　柠檬 25 克　　冰糖 适量

做法

❶ 番茄洗净，切小块；橘子、柠檬去核，切块。

❷ 将①中的材料和适量水一起放入榨汁机中搅打均匀，加入冰糖调匀。

功效

　　番茄富含抗氧化剂番茄红素和维生素 C，可保护肌肤，防止皮肤老化；橘子含丰富的维生素 C，可防辐射抗衰、保护皮肤。这款蔬果汁具有防辐射、保护眼睛、滋润皮肤的作用。

营养师提醒

　　此汁含有较多的果酸，有消化道溃疡者不宜多喝。

一杯神奇的蔬果汁

胡萝卜橘子汁

材料

胡萝卜 + 橘子 + 蜂蜜
100 克   100 克   适量

做法

❶ 胡萝卜洗净，切丁；橘子去皮、去子。

❷ 将①中的食材一同放入榨汁机中，加适量饮用水搅打成汁后倒入杯中，加蜂蜜调匀即可。

营养师提醒

　　胡萝卜与橘子搭配在一起，使橘子的味道更为浓厚一些。

功效

　　胡萝卜具有补肝明目的功效；橘子富含维生素和有机酸，可以增强抵抗力，减轻电脑辐射对皮肤的伤害。

功效

　　海带是放射性物质的克星，能够加速放射性物质从体内排出；柠檬含有丰富的维生素C，可缓解因辐射产生的眼部不适。

海带柠檬汁

材料

泡发海带 + 柠檬
150 克   100 克

做法

❶ 海带洗净，切成小丁；柠檬去皮、去子，切丁。

❷ 将上述食材一同放入榨汁机中，加入适量饮用水搅打成汁后倒入杯中即可。

第八章

特色蔬果汁

熬夜一族

熬夜的人，除了要补充消耗的体力，还要注意肝脏的保养，避免饮用过多刺激肝脏的提神饮料。自制蔬果汁不仅能够让夜猫子一族更有精神和精力，而且有益于皮肤保养。

熬夜者所需营养素

营养素	功能	主要蔬果来源
维生素C	增强抵抗力	番茄、南瓜、柠檬、葡萄、猕猴桃等
B族维生素	安定神经、舒缓焦虑、维持皮肤健康、减缓老化	油菜、菠菜、油麦菜等
钙	缓和情绪，消除眼睛紧张	茴香、芹菜、小白菜、番石榴等

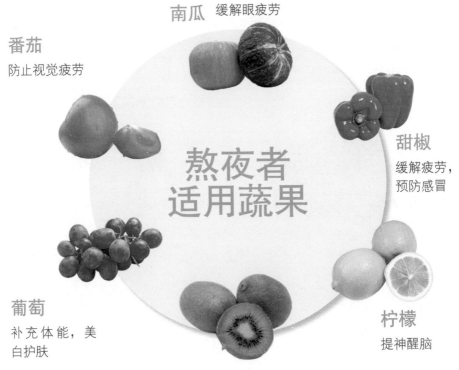

南瓜 缓解眼疲劳

番茄
防止视觉疲劳

甜椒
缓解疲劳，
预防感冒

熬夜者
适用蔬果

葡萄
补充体能，美
白护肤

柠檬
提神醒脑

猕猴桃 补充体能，护肤

番茄柠檬汁

防止视觉疲劳

材料

番茄	柠檬	牛奶
100 克	30 克	150 毫升

做法

❶ 番茄去蒂，洗净，切成小块；柠檬榨汁备用。

❷ 将所有材料放入榨汁机中，搅打均匀即可。

营养师提醒

肠胃不好的人不要饮用番茄汁，否则容易导致腹泻。

功效

番茄中的番茄红素和胡萝卜素，可防止视觉疲劳；柠檬中的柠檬酸和苹果酸可促进消化，便于吃夜宵后消化。

葡萄猕猴桃汁

补充熬夜流失的营养

材料

葡萄	猕猴桃	柠檬	冰糖
30 克	100 克	25 克	适量

做法

❶ 葡萄连皮用盐水洗净，切成两半去子；柠檬榨汁备用；猕猴桃去皮，切成小块。

❷ 将①中的材料放入榨汁机中，加适量饮用水搅打，搅打均匀后，加冰糖搅拌至化开即可。

功效

葡萄、猕猴桃都富含维生素 C，可以补充体能，还能美容护肤，缓解熬夜带来的肌肤损伤。

苹果香蕉葡萄汁

缓解过度疲劳

材料

苹果 150 克 + 香蕉 100 克 + 葡萄 50 克

小提示

龙眼肉粥：熬夜者的好食物

将 100 克粳米和 15 克龙眼肉、15 克红枣放入清水，大火煮沸后再用文火熬 30 分钟，米要煮烂。常食可以健脾养胃。

功效

这款蔬果汁可补益、兴奋大脑神经，对缓解疲劳过度和调理神经衰弱有一定功效。

做法

1. 苹果、葡萄分别洗净，去皮、去核；香蕉去皮。
2. 将苹果、香蕉切成 2 厘米见方的小块。
3. 加入适量饮用水，将上述食材放入榨汁机中榨汁。

营养师提醒

熬夜时，喝一杯这款果汁，可以减少对皮肤的伤害。

一杯神奇的蔬果汁

银耳枸杞玉米汁

缓解眼睛疲劳

材料

 + + +

银耳	玉米楂	枸杞子	冰糖
1 小朵	50 克	5 克	10 克

营养师提醒

冰糖宜在豆浆做好后加入，因为冰糖比较硬，容易损坏搅拌刀片，还容易使豆浆糊在发热管上。

功效

玉米对视力有保护作用；枸杞子含眼睛必需的营养成分；银耳中的钙、锌等可增强视神经的敏感度。

做法

❶ 银耳用清水泡发，择洗干净，撕成小朵；枸杞子洗净，泡软，切碎；玉米楂淘洗干净。

❷ 将①中的材料倒入豆浆机中，加适量饮用水制成豆浆，加冰糖搅拌至化开即可。

第八章 特色蔬果汁

在外就餐者

很多上班族很少在家吃饭，家常便饭成了奢侈品。因为在外就餐的饭菜味精、盐较多，长期过量食用容易导致记忆力下降。对于此类问题，应该多喝新鲜的蔬果汁，帮助身体排毒。

经常在外就餐者所需营养素

营养素	功能	主要蔬果来源
碳水化合物	提供能量，护肝解毒	胡萝卜、红薯、甘蔗、甜瓜、西瓜、香蕉、葡萄等
膳食纤维	去油解腻，防治便秘	芹菜、油麦菜、苹果、香蕉、菠萝等
维生素C	增强抵抗力	西蓝花、番茄、苦瓜、樱桃等

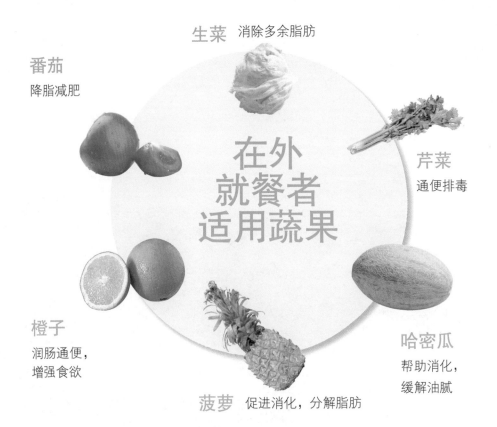

生菜　消除多余脂肪

番茄
降脂减肥

在外
就餐者
适用蔬果

芹菜
通便排毒

橙子
润肠通便，
增强食欲

哈密瓜
帮助消化，
缓解油腻

菠萝　促进消化，分解脂肪

一杯神奇的蔬果汁

高纤维消脂饮

促进消化，预防便秘

材料

 + + +

菠萝	番茄	哈密瓜	蜂蜜
100克	100克	50克	适量

营养师提醒

菠萝汁有降脂的作用，并能有效预防支气管炎，但发烧时最好不要饮用。

功效

菠萝、哈密瓜可促进消化、分解脂肪；番茄可消脂减肥。

做法

① 菠萝肉切小块，放淡盐水中浸泡约15分钟，捞出冲洗一下；番茄洗净，切丁；哈密瓜去皮、去子，切块。

② 将①中的食材放入榨汁机中，加入适量饮用水搅打，打好后加入蜂蜜调匀即可。

哈密瓜蔬果饮

增加食欲，润肠通便

材料

 + +

哈密瓜　　　橙子　　　生菜
100克　　　100克　　　100克

 小提示

喝温水，可化解油腻

吃了油腻食物后，喝点温开水，能够帮助肠道蠕动，保护肠胃，使油腻的食物在胃里被快速消化。

功效

这道蔬果汁富含维生素C、膳食纤维等，具有增强食欲、润肠通便的功效。

做法

① 哈密瓜去皮和瓤、洗净，切小块；橙子去皮，切小块；生菜洗净，撕碎。

② 将上述材料放入榨汁机中，加入适量饮用水搅打均匀即可。

营养师提醒

生菜中含有丰富的膳食纤维和维生素C，有消除多余脂肪的作用，故又叫减肥菜，很适合爱美的女性食用。

水果番茄蜂蜜饮

清除肠道内的多余油脂

材料

 + + +

番茄　　菠萝　　哈密瓜　　蜂蜜
80克　　80克　　80克　　　适量

营养师提醒

此款果汁含糖较多，糖尿病患者应该慎食。

菠萝可以分解蛋白质，帮助消化；番茄可解油腻，分解脂肪，对于长期食用过多肉类及油腻食物的人很适宜。

做法

❶ 菠萝、哈密瓜削皮去子，切成小块，菠萝放盐水中浸泡15分钟；番茄去蒂，洗净，切成小块。

❷ 将①中的所有材料放入榨汁机中，搅打均匀后，倒入杯中，加蜂蜜适量即可。

第八章 特色蔬果汁

吸烟一族

众所周知，吸烟有害健康。烟瘾一族应尽可能少抽烟，多吃对身体有益的蔬果。可常饮蔬果汁，及时补充身体所需的营养素，但不要一边吸烟一边喝蔬果汁。

烟瘾一族所需营养素

营养素	功能	主要蔬果来源
维生素C	帮助钙吸收，增强抵抗力	番茄、西蓝花、圆白菜、白菜、香蕉、苹果、猕猴桃等
胡萝卜素	减少癌症发生率	胡萝卜、南瓜、哈密瓜、芒果等
铁	提高机体免疫力，增强造血功能	菠菜、荠菜、苹果、葡萄等

胡萝卜 补肝护肺，清热解毒

圆白菜

防癌，排毒

芹菜

口腔的"清道夫"，清新口气

吸烟族适用蔬果

葡萄

清热，排毒

猕猴桃

护肤排毒

雪梨 滋阴润肺

一杯神奇的蔬果汁

莲藕雪梨汁

止咳化痰，保护咽喉

材料

+

莲藕
150 克

雪梨
150 克

做法

❶ 莲藕削皮、洗净，切小块；雪梨去皮和核，切小块。

❷ 将上述材料和适量饮用水一起放入榨汁机中搅打均匀即可。

营养师提醒

食用莲藕要挑选外皮呈黄褐色、肉肥厚而白的；如果发黑，有异味，则不宜食用。

功效

莲藕可生津凉血、除烦止咳，非常适合吸烟者食用；雪梨可清热去燥、化痰止咳，适用于吸烟引起的喉咙干痒、痰稠等症状。

功效

橘子可止咳润肺；橙子可保护血管健康；猕猴桃可补充因吸烟而消耗的钙。

高维 C 鲜果汁

补充因吸烟而流失的维生素

材料

++

橘子
100 克

猕猴桃
100 克

橙子
100 克

做法

❶ 橘子、橙子各洗净，去皮、去子，切小块；猕猴桃洗净、去皮，切小块。

❷ 将上述材料和适量饮用水一起放入榨汁机中搅打均匀即可。

饮酒一族

超量饮酒，会导致脑神经受麻痹，使记忆力减退；频繁饮酒，也容易伤肝，引发肝病。"喝酒一族"要常食用绿色蔬菜和水果，最重要的是，饮酒一定要适度。

饮酒一族所需营养素

营养素	功能	主要蔬果来源
膳食纤维	去油腻，防便秘	芹菜、菠菜、油麦菜、菠萝等
维生素C	保护细胞，解毒，保护肝脏	番茄、西蓝花、莴苣、西瓜等
B族维生素	有助于肝脏新陈代谢	番茄、芹菜、苹果、樱桃等
维生素E	促进人体新陈代谢	菜花、菠菜、草莓、猕猴桃等

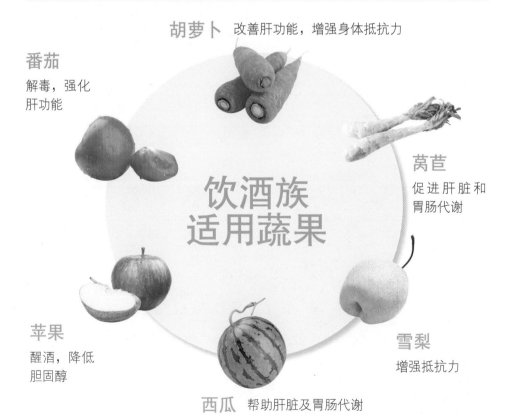

胡萝卜 改善肝功能，增强身体抵抗力

番茄
解毒，强化
肝功能

饮酒族
适用蔬果

莴苣
促进肝脏和
胃肠代谢

苹果
醒酒，降低
胆固醇

雪梨
增强抵抗力

西瓜 帮助肝脏及胃肠代谢

一杯神奇的蔬果汁

苹果西芹汁

醒酒，补肝护肺

材料

苹果　　　西芹　　　胡萝卜　　　蜂蜜
150克　　　50克　　　50克　　　适量

做法

❶ 苹果洗净、去核，切块；西芹洗净，去叶，切段；胡萝卜洗净切块。

❷ 将①中的材料和适量水放入榨汁机中搅打均匀，打好后加入蜂蜜调匀。

功效

苹果可降低胆固醇；西芹能防止饮酒过多引起的血压升高；胡萝卜可补肝护肺、清热解毒、增强免疫力。

营养师提醒

脾胃虚寒、肠滑不固、血压偏低、婚育期男士应少吃芹菜。

番茄芹菜汁

缓解酒精对肝的影响

材料

番茄
50克

+

芹菜
25克

+

柠檬汁
适量

营养师提醒

要挑选外表熟红、偏软的番茄，榨成果汁才好喝。

功效

芹菜富含膳食纤维，和含B族维生素的番茄一起榨汁，有解毒与强化肝功能的功效。

做法

① 将番茄洗净切小块，芹菜洗净切小段。

② 将切好的番茄、芹菜放入榨汁机中，倒入适量饮用水，搅拌后加入柠檬汁即可。

一杯神奇的蔬果汁